有錢人都用透明夾

不用記帳，一年存款就能多出五十萬日幣的

超簡單理財法

市野瀨克己——著

賴郁婷——譯

CHECK!

「透明夾理財法」適性調查表

- [ ] 覺得記帳很麻煩
- [ ] 對數字不擅長
- [ ] 沒有亂花錢卻存不到錢
- [ ] 每個月的手頭都很緊
- [ ] 對於收支管理態度隨便、不謹慎
- [ ] 不擅長錙銖必較的省錢方法
- [ ] 花錢總是沒有計畫
- [ ] 看到特價品不買會覺得吃虧
- [ ] 對特賣會沒有抵抗力
- [ ] 曾經後悔買了不必要的東西
- [ ] 希望把錢花在刀口上
- [ ] 對將來感到莫名的不安
- [ ] 經常衝動購物
- [ ] 習慣刷卡付費
- [ ] 有品牌迷思
- [ ] 經常外食
- [ ] 無法拒絕交際應酬

以上只要符合其中一項，就適合使用透明夾理財法。符合的項目愈多，愈能藉由這種理財方法徹底改頭換面，達到存錢的目標。

「透明夾理財法」的 3 大功效

1 輕輕鬆鬆存到錢

2 從此擺脫對金錢與將來的不安

3 人生變得更快樂、更富裕

現在就讓我們立即開始吧！

序章

讓你成為存錢高手的「透明爽理財法」

EASY

沒有一種記帳方法是簡單、不麻煩的！

「我並沒有想要亂花錢，但每個月到發薪日之前手頭都很緊！」

「我也很想記帳，可是每次都持續不久就放棄了！」

「我明明有在記帳，卻還是完全存不到錢！」

「難道沒有更輕鬆就能存到錢的方法嗎？」

我從事財務規劃顧問的工作已經三十年了。期間曾為三千多人提供家計諮詢，在這過程中，我經常會聽到上述這些與金錢相關的煩惱。

在這些因為「無法如願存到錢」而感到煩惱的人當中，因為奢侈亂花錢而存不到錢的例子，事實上少之又少。

大多數的人對於薪水都會盡量想辦法節省開銷，例如隨時留意超市的特賣商品、經常觀看電視和雜誌上的省錢特集，也會到處蒐集省錢的相關訊息。但最後這些都無法讓自己存到更多錢，因而感到煩惱。

這是因為**遲遲存不到錢的原因，大部分都來自於「無意識間的浪費」**。換言之就是在不知不覺中把錢花掉了，所以既找不到原因，也不知從何改善起，只能就這樣抱著困惑，任憑時間不斷浪費。

找出這種浪費習慣最快的方法，就是記帳。然而，記帳也是另一個麻煩的東西。

相信很多正在閱讀本書的人都有經驗，即使下定決心**「從最基本的記帳開始做起」**！最後卻總是無法持之以恆。

上班族或粉領族等白天上班的人，整天埋首於工作中，忘了記帳是常有的事。即便是家庭主婦，每天也有忙不完的家事，再加上和左鄰右舍的往來、小孩學校的活動和學習才藝等，要擠出時間記帳實在不是一件容易的事。雖然每年都興致勃勃地買了新的記帳簿，最後卻實行沒幾天就放棄，被擱在一旁再也沒翻過，成了另一項新的浪費，這樣的例子想必非常多。

我平時的工作活動範圍大多在大阪，大阪的婆婆媽媽們通常都很直率，總是扯著嗓門對我大吐不滿。

「老師，你叫我記帳，可是我哪有時間啊！」

「記帳太麻煩了啦，我做不到啦！」

「沒有更簡單的存錢方法嗎？你趕快想想啊！」

不過真要說的話，其實情況正如她們所言。

「請養成記帳的習慣」、「請做好生涯規劃」諸如此類的建議財務規劃顧問說得簡單，但日常生活中實踐起來實在很難。因此我經常在想，除了記帳之外，難道真的沒有其他方法可以做好每天的金錢管理嗎？

就這樣在某一天，我接下了某個會議的總務工作。超過一百人以上的聚會，財務管理就會變得非常麻煩，當時，我為了妥善保管出席者繳交的會費和經費支出收據等資料，於是便將這些東西全放進透明資料簿（多頁式透明夾）中做管理。就在這時候我突然意識到，這不正是可以用來取代記帳簿的工具嗎？

過去我也曾用過牛皮紙信封來做財務管理，不過信封的缺點是看不到裡面的東西，很難知道還剩多少錢。但如果是用透明資料簿，裡頭所剩的錢一眼就看得清清楚楚。

事實上，之所以說「想存錢最好養成記帳的習慣」，原本用意就是為了透過記帳掌握平時的收支狀況，進而調整花錢的方式。換言之，如果可以做到以下兩點，就沒有記帳的必要了。

1 **掌握平時的收支狀況**

2 **改變花錢的方式**

關於這兩點，我非常確定利用透明資料簿就能辦到。因此我想出來的方法，就是本書要介紹給各位的「透明夾理財法」。

使用的工具是「透明資料簿」，不過由於平常我在電視、雜誌及演講中都稱之為「透明夾理財法」，因此本書還是以「透明夾理財法」來稱呼。

發現這個方法之後，我隨即推薦給前來向我諮詢家計問題的客戶使用。之前一聽到「記帳」就苦著臉表示「我不想記帳……」或「以前試過，但都沒辦法持之以恆……」的人，這回聽到「透明夾理財法」後卻展現出興趣，紛紛表示「那我試試看好了」。「透明夾理財法」只要將生活費放進透明資料簿中做管理就行了，方法十分簡單，因此任何人隨時都能開始實踐，而且不需要耗費任何時間。

就連之前抱怨「記帳太麻煩了，我做不到」的人，試過之後也都表示認同，直說「透明夾理財法只要把錢放進去跟拿出來就好，太輕鬆、太簡單了」。

最令我高興的是，很多過去一直為存不到錢煩惱的人也陸續表示試過「透明夾理財法」之後，「現在已經可以存到錢了」。

山本貴子小姐（化名）是個家庭主婦，她一直希望可以存到買房子的頭期款。不過她和先生兩人都是「有多少花多少、存不了錢」的

個性，因此她早就放棄了這個念頭。不過，在嘗試透明夾理財法之後，她開始能夠以遊戲的心情去享受省錢的樂趣，而且似乎也讓她對存錢開了竅。最後，她在一年內就存到了一百萬圓。

身為家庭主婦的 Instagramer ARATA 小姐很不擅長節約，每個月的收支都呈現赤字。但自從四個月前開始嘗試透明夾理財法後，生活開銷大幅減少了一半，漸漸地不再亂花錢，過去一直存不到錢的情況也完全改善了。

實踐透明夾理財法後，亂花錢的情況會有驚人的改善。這是因為你已經輕鬆擺脫無意識中不斷花錢的習慣，不再亂花錢，當然就能存得到錢。

存錢的狀況因人而異，不過根據嘗試透明夾理財法的人表示，**如果再加上之前的存款，平均一年可以增加約五十萬圓的積蓄**。

一年五十萬或許不是什麼大數目，不過假使一年可以存到五十萬，五年後就是兩百五十萬，十年後就有五百萬圓的存款了。當然，只要透過實踐透明夾理財法學會省錢的技巧，存款數字肯定會再不斷增加。

不僅如此，**透明夾理財法的優點是「實踐起來相當輕鬆」**。過去我總是經常聽到許多人抱怨「想到要記帳就提不起勁」，但這些對記帳強烈厭惡的人，在嘗試過透明夾理財法之後，也都紛紛表示「透明夾理財法實在太輕鬆了」、「完全沒有過去那種『非努力不可』的壓力」。

本書的目的是要介紹各位一種聰明花錢、在沒有壓力的情況下輕鬆存到錢的方法。一旦熟練透明夾理財法，不僅每天的收支管理會變得更輕鬆，還能進一步養成存錢的習慣。

如此一來，各位就能從過去總是無意識亂花錢的「月光族」，改頭換面成為一個生活有餘裕的「儲蓄家」。

透明夾理財法究竟為什麼可以讓「討厭記帳」的人為之著迷、讓「儲蓄白癡」變成儲蓄達人呢？接下來就趕緊來一窺其中祕訣吧！

PART 1

什麼是透明夾理財法？

PART 2

開始嘗試透明夾理財法！

CONTENTS

PART 3

透明夾理財法的存錢妙招

PART 4

存錢的習慣與存不了錢的習慣

CONTENTS

PART 5

利用透明夾理財法擺脫對金錢的煩惱與不安

PART 1

什麼是透明夾理財法？

什麼都不必記，所以才存得到錢

透明夾理財法和一般記帳方法或家計管理截然不同的地方在於，它**「完全不需要花時間記錄」**。沒錯，一個字都不用記也沒關係！

各位需要做的只有**將每一天的預算現金放入透明資料簿（多頁式透明夾）中，每天早上取出當天的現金、放入錢包中，一天結束後再將剩餘的錢和收據一併放回透明資料簿中就好**。反覆進行一段時間之後，就能輕鬆掌握自己一天，甚至是一星期或一個月的支出狀況了。

「掌握支出狀況」對存錢來說十分重要。

如果不能掌握自己究竟把錢花在哪裡，就會在不知不覺中增加很多不必要的開銷。

如果各位覺得「我並沒有亂花錢，可是卻存不到半毛錢」，這時候就要注意了，你很可能就是在無意識間不斷將錢浪費在一些小地方上。

我們經常可以聽到「想存錢就要記帳」的說法，這正是因為記帳可以讓人瞭解自己花錢的方式，進而達到改善的目的。

然而，**很多存不到錢的人就算想透過記帳來存錢，卻總是沒多久就遭受挫敗**。

想必各位當中也有人有過這種經驗吧，「今年下定決心一定要存到錢！結果買了記帳簿後卻寫沒幾天就放棄了。」

這是當然的，因為記帳簿是個比想像中更難充分運用的工具。

要一一記錄每一筆開銷真的好麻煩……

這一點可以說是記帳最難克服的關卡。

「記下購物內容和金額」本身非常簡單，也不會花太多時間，但為什麼做不到呢？原因有以下幾個。

舉例來說，上班途中在便利商店買了飯糰；下班時買了咖啡，或是在自動販賣機買了飲料；在藥妝店隨手將最新流行的化妝水放進購物籃裡。**原本打算最後再一併記錄，但到頭來卻忘記了。這也是「記帳常發生的狀況」之一**。最近有不少方便的記帳APP可以運用，不過要在手機上一一輸入，其實也是相當麻煩的一件事。

此外，花費開銷的分類也是導致記帳挫敗的原因之一。姑且不論「房租」、「水電燃料費」或「電話費」等固定支出，其他像是：

- 和朋友聚餐要算「伙食費」還是「交際費」？
- 全家一起到遊樂園玩時所吃的爆米花，是算「伙食費」還是「娛樂費」？

諸如此類的困惑不斷累積，最後就會對記帳感到厭煩。

即使靠著幹勁總算克服了這些「記錄」上的難題，但接下來還有另一個棘手的難關，也就是根據記帳紀錄進行「分析」和「改善」。拚命記帳、最後卻一毛錢也存不到的人，幾乎都是因為做不到這個「反思」的步驟。

換個角度來說，如果只會勤奮記帳，卻沒有進一步轉化成實際的改變行動，記帳一點意義也沒有。

本書所介紹的透明夾理財法，就完全沒有記帳的這些麻煩問題。不僅如此，還能改善各位的「金錢問題」。

根據最後透明資料簿裡剩餘的金額，有沒有做好節約開銷、是否過度浪費等一眼就看得清清楚楚。如果發現支出太多，只要回頭一一檢視每週或每天的透明夾，馬上就能知道錢是在什麼時候、什麼情況下花掉的。

由於每天的開銷狀況變得容易掌握，因此一旦發現錯誤的花錢方式，當下就能立刻改正。**過去記帳方法中難以達成的「掌握↓分析↓改正」等一連串步驟，如今輕輕鬆鬆就能實現。**

EASY

利用透明夾理財法，年存五十萬圓也是輕而易舉的事

利用透明夾理財法究竟可以存到多少錢？

針對這個問題，我在接受家計諮詢時，經常告訴客戶的大概數字是「一年五十萬圓」。

過去家計一直呈現赤字的人，不僅能擺脫赤字，而且還能在一年內存到五十萬圓。

至於原本就是每個月克勤克儉、努力存錢的人，除了每個月的存

款之外，一年還能額外再存到五十萬圓的積蓄。

聽我這麼說，一開始每個人都是抱持著半信半疑的態度，甚至很多人還會說：

「我現在都過得不是很寬裕了，這樣也能存到五十萬？」

「你不是在吹牛吧？」

這些人一直以來因為存不到錢而煩惱，所以會有這種質疑也是理所當然。

事實上，**「存不到錢」很多時候都不是因為收入太少，而是大部**分的人都會在無意識間做出超乎預算的支出。

根據我的經驗，**針對「為什麼存不到錢？」來向我諮詢的人當**

中，幾乎所有人每個月光是伙食費（不含外食在內的食材費）就占了將近六萬圓。另外像是生活用品之類的瑣碎支出，也差不多花了約四萬圓。也就是說，每天的零星支出林林總總加起來，一個月就高達約十萬圓。

各位或許會覺得只是伙食費和生活用品，根本不需要花這麼多錢！但你應該曾經有過以下這種經驗：

- 在超市收銀櫃檯前等著結帳時，看到一旁的口香糖和餅乾就不禁放進購物籃中。
- 在超商聞到關東煮和包子的香味而忍不住購買。
- 不喜歡特地出門購物卻空手而回。

- 看到「半價」或「七折」等貼紙標籤就覺得「不買會吃虧」。
- 曾經因為東西買太多而放到壞掉。
- 同樣的冰淇淋，與其買價格便宜的，更想選擇知名廠牌。
- 外出吃飯或買小菜時，為了怕吃不夠，總是會多買一道。
- 在藥妝店看到新上市、包裝可愛的芳香劑或平價彩妝，就會忍不住購買。
- 貪圖便宜折扣而買了過多清潔劑回家囤放。

以上這些花錢方式，光是伙食費和生活用品開銷，很快地一個月就能花上十萬圓。因為只要一天花三千三百圓，一個月就將近十萬圓了。

因此，透明夾理財法將每天的伙食費和日用品開銷——指在超市或藥妝店買東西——的預算設定在一天兩千圓的範圍，如此一來就能將每個月近十萬圓的伙食費及日用品開銷降低在六萬圓左右。（編註：日幣兩千圓的生活費，在考量台日兩國的物價指數和生活水準之後，換算成台幣約為兩百元。讀者可以此金額當作參考基準，實行透明夾理財法。）

如果每天只要兩千圓的生活費，每個月算下來就能省下四萬圓。將這些多出來的錢存下來，光是這樣，一年就能存到四十八萬圓。

不僅如此，實踐透明夾理財法還能改變平時的花錢方式，自然而然地交際費和娛樂費等其他支出狀況也會有所改善，因此不必特別努力省錢就能多存到好幾萬圓。到最後，就能輕鬆年存五十萬圓。

EASY

愈是覺得「一天絕對不可能只花兩千圓！」的人，最後愈能存到錢

每當我要求客戶「請把伙食費和日用品開銷控制在一天兩千圓以內」，很多人都會直接放棄地告訴我：「絕對不可能辦得到！」其中也有些人的原因是「因為我的孩子食量很大」，或者是「我工作很忙，沒時間自己下廚」等。

這些都不要緊，**因為只要實踐透明夾理財法，一定可以學會一天兩千圓的生活祕訣。**

即使是家裡有食欲旺盛的孩子，或是工作再忙碌，還是有很多人每天可以只靠兩千圓生活。

各位身邊或許有朋友總是讓你覺得，「他的薪水和我差不多，為什麼他的生活可以過得這麼游刃有餘？」

明明兩人都是在同樣性質的公司上班，也擔任類似職務，一個人只能永遠住在員工宿舍，另一個人卻已經存到頭期款、買了自己的房子。這樣的例子或許各位都聽過。

若真要說這之間究竟差別在何處，答案還是「花錢的方式」。

藥妝店裡包裝可愛的芳香劑、超市特價的巧克力綜合包或大包裝零食、擺在收銀櫃檯旁的三色丸子串……這些看到覺得不錯就放進購物籃裡的東西，仔細想想，其實都不是特別想要的東西。**買了這些不重要的瑣碎東西，最後只會讓錢不斷從錢包中流失，使得存摺裡的數字毫無成長**。

如果覺得「大家不也都這樣」，其實只是你自己以為如此罷了。愈是懂得節約開銷的家庭，該省的時候不會浪費，該花的時候也不會吝嗇。相反地，**不會省錢的家庭雖然嘴裡喊著要節約，實際上卻買了一大堆不必要的特價品，到最後剩太多全部浪費丟掉**。在百圓商店買了一大堆「因為便宜」、但實際上並不需要的生活用品，最後可能只會換來「便宜沒好貨」的下場；買蛋糕時本來只需要買一塊自己吃，卻可能因為「覺得只買一塊好丟臉」而最後買了三、四塊蛋糕。

雖然只有幾百圓，但就如同前述，積少成多之下，最後將成為一筆不容小覷的開銷。

有時候我們就是會想不起來自己究竟把錢花到哪裡去了。這其實就意味著自己將錢花在那些買完之後就隨即忘記、無法讓自己獲得高度滿足的東西。

「一天只有兩千圓太嚴苛了，絕對辦不到。」正因為有這種想法，所以更可能存到錢。

這是因為覺得「一天兩千圓無法過活」的人，代表他直覺上十分清楚「自己現在每天花的錢更多」。既然這樣，改成一天三千圓就夠了嗎？或許有人覺得自己每天要三千圓、甚至是五千圓才夠花，答案因人而異。

如果要現在每天只花兩千五百圓的人，和每天花五千圓的人，兩人同時挑戰每天兩千圓的生活，各位認為哪一邊可以存得到錢呢？事實上，對原本一天花五千圓的人來說，當每天變成只花兩千圓，簡單計算下來，等於每天可以存到三千圓。換言之，他有更充分的餘力可以存到錢。

看到這裡或許各位會覺得我在胡言亂語，但大家不妨就當成是受騙上當，請務必一定要嘗試透明夾理財法，**結果肯定可以讓各位毫不費力就存到超乎想像的存款。**

透明夾理財法的三大優點

1．隨時都能開始

在開始嘗試透明夾理財法之前，首先要準備一本「透明資料簿」，百圓商店或文具店等都買得到，大小A4或B5都可以。如果家中原本就有多餘的透明資料簿，可以直接拿來利用，不需要再另外購買。

準備好透明資料簿之後，先在每一頁透明夾裡所附的紙張上寫上日期，如果原本的透明夾裡沒有紙張，可以用影印紙寫上日期代替。由於只是要寫上日期，因此用廣告紙等不必要的傳單也無妨。接著，在每一天的透明夾裡放入兩千圓，這樣就算完成準備工作了。

2．成果顯而易見

透明夾理財法的作法十分簡單，就是每天早上出門前將透明資料簿中的兩千圓放進錢包中，當天的伙食費和日用品開銷就盡量控制在這兩千圓以內。如果最後有剩，回家後就放回透明資料簿裡。

一開始或許會覺得「用兩千圓過一天真的太難了」，不過實際嘗試後應該會意外地發現，有些時候甚至只要一千五百圓就能過一天。

根據挑戰透明夾理財法的人的感想，很多人都覺得「比起一般的記帳有趣多了」。

剛開始嘗試時總是會想盡辦法要節約開銷，但習慣之後，很多人甚至會開始樂在其中，例如「昨天只剩兩百圓，今天卻能剩下三百圓」。

至於究竟有沒有做到節約開銷，只要打開透明資料簿就能一目瞭然。透明夾理財法的優點之一，就是可以清楚看出自己聰明花錢的成果。

舉例來說，花了一個月的時間參加理財講座，無論講座內容再精采，也不可能光靠聽講就能改正花錢的方式。

不過，如果每天透過實際消費瞭解「買這個是對的」或「早知道就不要買這個」，一個月下來，花錢的方式就會有明顯的改善。

3．容易持之以恆

對於過去有好幾次記帳挫敗經驗的人，或是想省錢卻無法持之以恆的人，我更要推薦透明夾理財法。

如同前述所言，記帳事實上是個難度很高、原本就很容易遭受挫敗的工具。相較之下，**透明夾理財法就完全沒有記帳這種容易挫敗的性質。**

過去曾有一段時間，我也會建議客戶以記帳來改善家計問題。然而，**真正可以透過記帳做到節約開銷的人，僅僅只有極少部分而已。**如果不是原本個性就很認真或「喜歡記帳」的人，最後都無法順利養成記帳的習慣。

很多有家計問題的人都向我苦苦哀求「記帳真的太麻煩了，根本沒辦法持之以恆」，或是催促我「沒有其他更好的方法了嗎？沒有的話就趕快想個方法啊，這不就是你的工作嗎」。最後我好不容易終於想出來的最終手段，就是本書所介紹的「透明夾理財法」。

EASY

透明夾理財法有助於減少浪費和衝動購物

開始嘗試透明夾理財法之後，即便沒有刻意，浪費和衝動購物的情況也會漸漸減少。一旦每天錢包裡只有兩千圓，任何人對花錢都會變得格外慎重。

因為每天的預算上限是固定的，當然就沒辦法再隨心所欲地隨便買東西了。

曾經有個因為家計問題來找我、現在正在嘗試透明夾理財法的客戶說道：

「以前午餐我總是會毫不猶豫地就選擇咖啡店的三明治和咖啡，但自從嘗試透明夾理財法之後，我就不再這麼做了。總覺得一頓午餐要將近七百圓實在很浪費……改吃超商的三明治和一百圓的咖啡就夠了。」

這正是透明夾理財法帶來的效果。過去一直沒有特別留意到，其實自己並沒有在這樣的消費行為中獲得同等質的滿足，後來因為意識到這一點，所以才改掉這個行為。

這種改變乍看之下可能只是省下了午餐費，不過**真正值得關注的並不是花了多少錢，而是對於所花的錢，自己獲得了多少滿足。**

一旦開始想存錢，人就會容易將焦點放在金額上，想必也有很多人都覺得「存錢＝節約」吧。

不過，**瑣碎的節約行為，其實無法長久**。

舉例來說，我們經常可以在電視上看到「拔掉電器插頭一年可省下〇〇圓」之類的省錢方法。這些方法乍聽之下很有用，但實際嘗試後卻會因為太麻煩而覺得「如果要這麼麻煩，我寧願花這筆錢」，最後宣告放棄。

真正重要的，其實是要讓自己花錢獲得更大的滿足。

例如晚歸時突然「想吃碗拉麵再回家」。

到拉麵店吃一碗叉燒拉麵大概要一千圓，不過，回家用冰箱裡的食材和備用的麵條自己煮，材料費只要約三百圓。這時候應該選哪一個？

這個問題沒有正確答案，究竟要花多少錢吃這碗拉麵，決定的人是你自己。

只不過，**如果當下的財務狀態「花多少錢都無所謂」，將容易對判斷造成影響。**

同樣是一千圓的叉燒拉麵，錢包裡有一萬圓和只有兩千圓，想法肯定不一樣。

假設錢包裡只有兩千圓，而你最後選擇了一千圓的叉燒拉麵，就表示對當下的你而言，這碗麵有花錢的必要。這時候不妨就拋開罪惡感，大大方方地享受這碗麵。

相反地，如果覺得「錢包裡只有兩千圓，乾脆回家自己煮麵吃好了」，那麼回家就是最好的選擇。可以不花錢就獲得不是很渴望的東西，這時候你應該給自己一點掌聲才對。

「收入愈多愈能存到錢」的誤解

很多存不到錢的人都認為只要增加收入，自然就能存到錢。收入增加確實可以讓生活變得更輕鬆，過去無法輕易下手的價格，如今或許也買得起了。但若要說能否因此存到錢，其實很多時候答案是否定的。

人的心理是非常有趣的東西，因此我並不認為人會因為收入增加了，就將增加的部分轉為存款。收入雖然增加了，不過每天的支出也會跟著變多，到最後還是會陷入「存不到錢」的煩惱中。反而有時候是**收入愈高的人愈不懂得存錢**。

最好的例子就是棒球選手。

財務規劃顧問經常會應球團或運動品牌公司的委託，為他們旗下的運動選手提供理財規劃。

面對這些運動選手，我通常第一個會建議對方，「請把簽約金當成以後的退休金，不要任意花用。」

即使是被球團直接點名選中、獲得數千萬圓的簽約金及上億年薪的球員，很多人到最後同樣會落得無法度日、只能宣告破產的下場。會有這種情況也是理所當然，因為幾乎所有球員都是在三十幾歲就從球場上引退，而引退後有大半以上的人收入都會遽減。

二、三十歲年輕時就開賓士車的人，引退後要他改開小型車實在很難，因為生活水平一旦提升之後，就再也不可能回復到原本的型態了。

無論是年收三百萬圓或一千萬圓，存得到錢的人就存得到，存不到錢的人到頭來戶頭裡還是空蕩蕩，這就是嚴酷的事實。（編註：根據二〇一六年日本官方統計，上班族月薪平均約為三十萬圓，平均年薪則約為三百六十萬圓。所以「年收三百萬圓」的比喻，算是一般普遍的情況。）

EASY

「人一輩子有三次機會可以存到錢」是真的嗎？

據說「人一輩子有三次機會可以存到錢」，具體來說是以下三個時機。

1 從單身至新婚、尚未有小孩之前的時期
2 小孩出生後至小學低年級左右的時期
3 孩子長大獨立後、到自己退休之前的時期單身時就如同各位所知，是手上可自由活用金錢最多的時期。因為「想買房子」而來找我諮詢的人當中，擁有最多頭期款的一直以來都是以單身族占壓倒性的多數。尤其近來有愈來愈多女性會來尋求諮商，年過四十的單身女性甚至很多都是「打算直接以現金買房，不想貸款」。

不過另一方面，也有不少人單身時只沉迷於興趣或喝酒聚會中，完全沒有任何存款，最後到了準備結婚才開始急忙存錢。甚至有些夫妻因為沒錢，索性只辦了登記儀式，連婚禮都沒有。

在「存錢時機」的人生階段時，確實財務運用上會比較有餘裕。不過也因為有餘裕，因此也是最容易隨便亂花錢的時期。

此外，對「存錢時機」過於執著，也會成為自己存不了錢的藉口。即便孩子正值食欲旺盛的發育時期，或是孩子的教育支出變多，只要有心，存到大筆積蓄的家庭依舊大有人在。

最重要的是，無論是在財務運用游刃有餘的時期，或者是手頭較緊的時候，都要確實節約開銷，並養成儲蓄的習慣。關於這一點，透明夾理財法無關單身、已婚或有沒有小孩，每天的伙食費和日用品開銷預算都是兩千圓。以這樣的預算範圍來生活，金錢觀肯定可以更加提升。

EASY

透明夾理財法可以讓你學會「聰明花錢」

利用透明夾理財法，任何人都能輕鬆存到錢。但透明夾理財法並不是專為存錢而設計的一套工具，甚至我希望各位**千萬不要將存錢當成嘗試透明夾理財法的唯一目的**。

金錢畢竟只是一種工具，唯有透過花用才能發揮用處，就算存再多錢，如果人生只是望著存摺的數字不斷增加，豈不毫無樂趣可言？既然如此，何不聰明地花錢，讓人生變得更豐富精采。

至於學會「聰明花錢」的方法，答案就是在日常生活中隨時留意「不做事後會後悔的消費行為」。

這裡並不是要你「壓抑所有的欲望，以極度嚴苛的方式節省開銷、努力存錢」，而是要將錢投資在自己身上。**有想要的東西就買也沒關係**，有時候他人看來覺得「這沒有用吧？」的東西，對當事人而言卻是無可替代的寶物。

不過，完全順從欲望、想買就買，也不算是「理想的花錢方法」。經過審慎思考後的「不後悔的消費行為」，和完全不經思考就亂買的「不後悔的消費行為」，兩者看似相同，但本質上其實不同。

我在理財講座上經常舉「螞蟻和蚱蜢」的故事為例。不管是一年到頭辛勤工作的螞蟻，還是整天只會玩耍的蚱蜢，從「聰明花錢」的角度來看，兩者在工作和娛樂之間的平衡都不是很好。

最理想的作法是要像螞蟻一樣辛勤工作，並且像蚱蜢一樣盡情玩耍。取兩者之間的平衡為目標，才是最理想的狀態。

花錢之前先謹慎思考，買自己真正需要的東西，把錢投資在可以讓自己或身邊的人獲得幸福的事物上。而可以幫助你達到這個目標的工具，正是「透明夾理財法」。

一天亂花三百圓，一年就浪費了十一萬圓！

過去的你，假使把錢花在不應該花的地方，應該也只是瞬間覺得「糟了……」，之後就馬上忘了這回事了吧。因為沒有自覺到自己亂花錢的習慣，所以同樣的狀況會一再發生，甚至說不定根本連自己買了不該買的東西都完全沒有意識到。

事實上各位並不需要害怕犯錯，只要將失敗當成下回成功的經驗就好了。如果可以意識到自己在花錢習慣上的缺失，要進一步改正相對也會容易許多。

一看到半價特賣，即使是不需要的東西，也會忍不住下手搶購；排隊結帳時，看到一旁的三色丸子串就突然變得很想吃……諸如此類的小確幸開銷只要一天減少三百圓，一個月就能省下九千圓，一年就有十萬九千五百圓了。（編註：以台灣的生活來說，大約是一天省下三十元，一年就有一萬零九百五十元。）

說不定，**實現「想出國旅遊卻沒有錢……」的夢想的關鍵，就是三色丸子串**。

當然，如果真的很想吃丸子串，買來吃也無所謂，只是相對地就要對出國的夢想再忍一忍。三色丸子串和出國要選擇哪一個，全看各位的抉擇。

結帳
三色丸子串 激安!!
丸子串好評熱銷中
日本季
日本小物
想吃
你看！
丸子串在跟我招手耶！

而可以在你做決定時提供多一分思考的工具，正是「透明夾理財法」。

從下一章開始要為各位介紹透明夾理財法的具體作法，就讓我們一起以沒有壓力的方式輕鬆存錢、聰明花錢吧。

Column

透明夾理財法經驗分享①

ARATA 小姐（家庭主婦）

Instagram：@kitchen drunker

別說是存錢了，過去我連自己每個月花多少錢都不清楚，長時間累積下來，最後身上背了近十萬圓的負債。

結婚三年多，我前後共買了十本記帳簿，結果全都沒用到⋯⋯

也下載過無數個記帳 APP，但同樣都沒用，最後又刪除了⋯⋯

我是個連只要把收據整理好貼起來，或是用手機拍照存檔都做不到的家庭主婦⋯⋯

結婚這三年多來，我連家裡每個月的開銷都不清楚，每次到發薪日前總是透支好幾萬，還得從存款裡提錢出來花用。後來，我偶然在電視上看到「透明夾理財法」的介紹，於是開始嘗試，到現在已經持續四個月了！真的是奇蹟！

其中最神奇的是，比起當初開始嘗試時，我們家現在的生活開銷已經減少了一半！而且每個月都還能剩下一萬圓！！

開始嘗試這個理財方法之後，不僅變得更節省，連物欲也變少了。如今我們家的生活有了一百八十度的大轉變，目標是達到極簡的生活方式。

就連過去三年多來一直亂花錢的我都能完全實踐透明夾理財法，並且持之以恆，相信各位一定也可以辦得到！

PART 2

開始嘗試透明爽理財法！

透明夾理財法的必備工具

本章將為各位介紹透明夾理財法的基本作法。

透明夾理財法只要有「透明資料簿」和「現金」，隨時都能開始嘗試，而且可以實際感受到成果，可說是最強的家計管理工具。接下來就讓我們依序看下去吧。

必備工具

● **透明資料簿（多頁式透明夾）**

頁數二十頁以上，大小B5或A4都可以。

● **現金**

請準備千圓紙鈔。最好是將一整個月的伙食費和日用品開銷預算全準備好（以三十一天來計算就是六萬兩千圓），或者也可以在每週的第一天放入一整週的預算。

● **紙張**

如果是沒有附上紙張的資料簿，請依照資料簿的大小，準備約15～20張的影印紙。

透明夾理財法的準備工作

1 將紙張標上日期，放進透明夾中。

※紙張可以兩面分開使用，例如在第一張紙的一面寫上「第1天」，另一面寫上「第2天」；第二張紙一面寫上「第3天」，另一面寫上「第4天」，以此類推。

2將每一天的伙食費和日用品開銷的兩千圓預算放入透明夾中。

3伙食費和日用品以外的開銷，用現金支付的部分就以「現金開銷」為標籤，放在資料簿的最後一頁。「食米支出」也另外放一頁。房租、水電瓦斯費等直接扣款的費用就直接存進帳戶中，不放入透明夾裡。

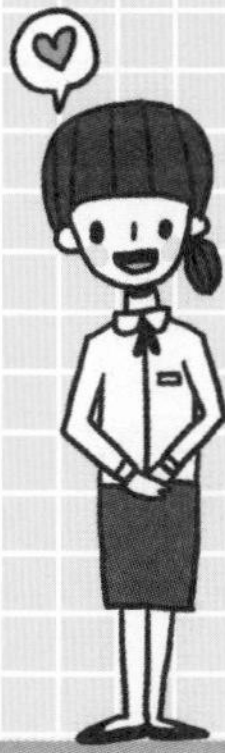

透明夾理財法 進行方法

準備的東西

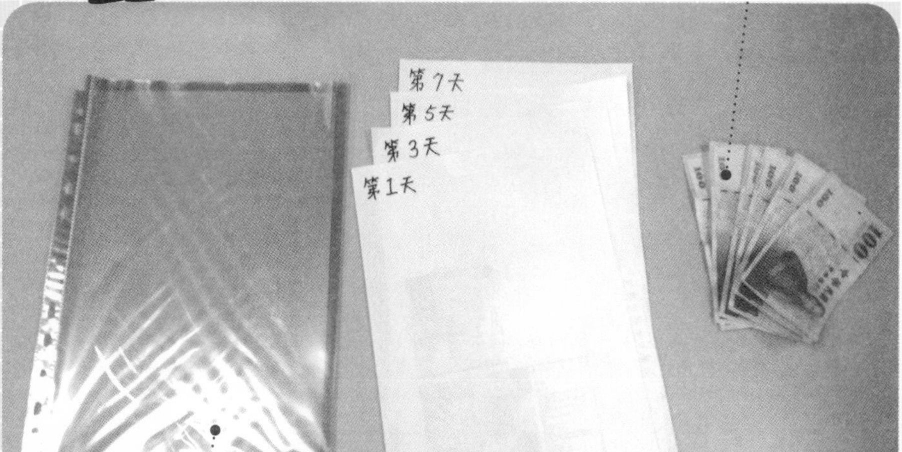
千圓紙鈔
（編註：台灣讀者請準備百元紙鈔。）
透明資料簿
紙張

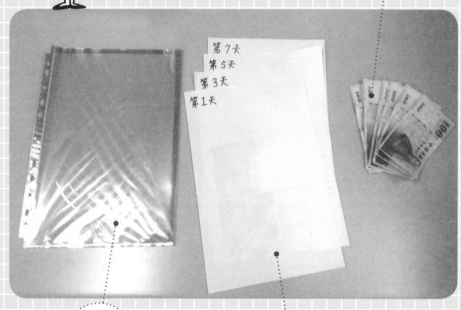

透明資料簿

頁數二十頁以上，大小 B5 或 A4 皆可。

紙張

依照資料簿大小，準備約 15 ～ 20 張的影印紙或廣告傳單。

千圓紙鈔 2 張 × 天數

最好準備好一個月的份量，如果沒辦法，一週份也可以，
在每週第一天的透明夾裡放進一週的預算。

1. 在紙張上標上日期，放進透明夾中。紙張建議雙面使用，一面寫上「第 1 天」，另一面寫上「第 2 天」。

2. 將每天兩千圓的伙食費和日用品開銷預算放進透明夾中。

3. 「食米支出」另外放一頁。

4. 伙食費和日用品開銷以外的費用，現金支付的部分就以「現金開銷」為標籤，放在最後一頁。

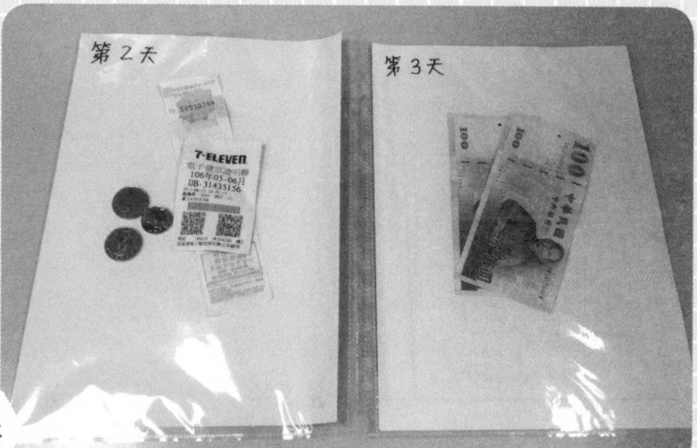

作法

1. 每天出門前將透明夾裡的兩千圓（一天的預算）取出，放進錢包中。

2. 回家後將錢包裡剩下的錢放回透明夾，最好把當天買東西的收據也一起放進去。

預算的計算方法

透明夾理財法無論是單身、已婚或有沒有小孩，伙食費和日用品開銷的預算都以一天兩千圓為理想。

有些人或許會覺得「兩千圓太少了，根本不夠花」，或是「我家小孩多，伙食費花得兇，我需要更多的預算」等。

如果一天兩千圓真的有困難，剛開始嘗試時也可以設定在一天兩千五百圓，甚至是三千圓也無妨。不過，根據我過去為許多人提供家計改善建議的經驗來看，一天兩千圓最能感受到透明夾理財法的成果。

一旦提高預算，相對地花錢時判斷也會變得容易動搖。預算愈多，愈難判斷「這東西是否真的必要」，因此如果可以，建議最好從

一天兩千圓開始嘗試。大部分來找我諮詢的人，即使是有三個小孩的家庭，**只要掌握技巧，同樣能以一天兩千圓的預算過著和之前水平相當的生活**（關於一天不超過兩千圓的生活技巧，詳細請見 Part 3）。

「食米支出」另外計算

不同於其他食材，米並不需要每天購買，購買的份量和次數也會因為家庭結構不同而有很大的落差。因此，「食米支出」最好另外設定一筆預算。

順帶一提，**對於食米支出不要太過節儉，買「好吃的米」反而更能存到錢。**

愈是存不了錢的人，愈會為了想省下當下的開銷，而在買米的預算上盡量節省。可是米如果不好吃，就會另外再加香鬆或準備更多小菜來配……到頭來伙食費反而花得更多。相反地，米如果好吃，只要白飯就能吃得很開心，甚至好吃到加香鬆或其他配料都會覺得可惜，即使少準備一道菜，家人也不會抱怨。非但如此，甚至可能因為吃到美味的米而變得更開心。

如果各位在減少伙食開銷上一直不見成效，不妨回頭檢視自己是否買對了米。

置裝費、交際費、娛樂費等其他所有支出，全都控制在「現金開銷」範圍內，伙食費和日用品開銷預算無關家庭結構，一律可以控制在一天兩千圓（不包含食米支出）以內，這部分比較簡單。但除此之外的預算範圍因人而異，因此就有必要另外計算。但其實也

不會太複雜，只要將數字填入下頁表格中就能獲得答案，各位可以自行試試看。

將每個月的實際月收入扣掉一個月份的儲蓄，以及房租、水電瓦斯等「帳戶直接扣款的費用」，還有伙食費、日用品開銷和食米支出後，最後剩下的部分就可以視為「現金開銷」。如果水電瓦斯不是直接扣款，請將這部分納入現金開銷中。不過，以家計管理的方便性來看，可以直接從帳戶扣款的支出，建議還是盡早辦理比較好。置裝費、交際費和娛樂費等其他所有支出，就全部控制在「現金開銷」的預算範圍內。這部分包括夫妻雙方的零用錢、置裝費、醫藥費、交際費、娛樂費及其他雜費等所有現金支出，只要在現金開銷預算範圍內，這筆錢要拿來做什麼都可以。

A 實際月收入＿＿＿＿＿＿萬圓
B 一個月份的儲蓄金＿＿＿＿＿＿萬圓
C 帳戶扣款的支出＿＿＿＿＿＿圓

〈帳戶扣款的支出明細〉

- 房貸、房租＿＿＿＿＿＿圓
- 水費＿＿＿＿＿＿圓
- 瓦斯費＿＿＿＿＿＿圓
- 電費＿＿＿＿＿＿圓
- 電話費＿＿＿＿＿＿圓
- 保險費＿＿＿＿＿＿圓
- 其他（小孩的補習班學費、才藝費等）＿＿＿＿＿＿圓

* 水電瓦斯和電話費等每個月金額不同，請依據存摺紀錄，填入過去一年內最高的扣款金額數字。
* 通勤和上下學的月票屬於必要支出，請事先預留在帳戶中。其他的交通費則一律以現金開銷來支出。

合計＿＿＿＿＿＿圓

D 伙食費和日用品開銷 一天兩千圓
E 食米支出＿＿＿＿＿＿圓
F 現金開銷

實際月收入（A）－（一個月份的儲蓄金〔B〕＋帳戶扣款的支出〔C〕＋伙食費和日用品開銷〔D〕＋食米支出〔E〕）＝現金開銷（F）＿＿＿＿＿＿萬圓

（例） A 實際月收入 30 萬圓
B 一個月份的儲蓄金 3 萬圓
C 帳戶扣款的支出合計 10 萬圓
D 伙食費和日用品開銷 62000 圓（2000 圓 x31 天）
E 食米支出 5000 圓
計算之後，現金開銷（F）為 103000 圓

編註：以上舉例為日幣，讀者可自行以自己的收支狀況填寫。

透明夾理財法的實際作法

1. 每天出門前從透明夾中取出一天份的預算（兩千圓），放進錢包中。

2. 回家後將錢包裡剩下的錢放回透明夾中。

只要每天重複這兩個步驟就行了，請避免因為覺得「每天錢拿進拿出的、好麻煩」，而將好幾天份的預算一口氣全放進錢包裡。

關於集中採買的作法，Part 3 將有詳細說明，不過至少在剛嘗試的第一個星期請避免這種作法，先試著以一天兩千圓的方式來生活。

這會讓你過去的花錢方式表露無遺，幫助你更清楚瞭解該留意哪些細節才能更容易存到錢。

如果當天打算買米，就從「食米支出」透明夾中拿出現金帶出門，另外像是聚餐或逛街買衣服，就從「現金開銷」中拿出必要的金額使用。花剩的錢就和「伙食費、日用品開銷」的作法一樣，當天回到家後立刻放回透明夾中。

為什麼錢包裡一天只能放兩千圓？

只要當天沒有買米、和媽媽朋友聚餐或和同事喝酒等特別行程，錢包就只要放入兩千圓就夠了。

這個作法對剛開始嘗試透明夾理財法的人來說，一定都會感到不知所措，「只能放這麼一點錢嗎？」而且幾乎所有人都會擔心「這樣

不夠花吧……」**事實上，這種擔心正是邁向儲蓄生活的第一步。**

假使錢包裡放了一萬圓，就算是星巴克咖啡也會毫不在意就買來喝，但如果錢包裡只有兩千圓，買之前肯定會先想一下吧？若是花了一千圓買一杯咖啡，錢包裡的錢就只剩下一半了。想到這裡，自然就會覺得「還是回家自己泡來喝吧」，或是「今天就先喝超商的咖啡好了」。

如果「今天真的很想喝星巴克咖啡」，大可買來喝也無所謂，**最重要的是花錢之前是否有先問自己：「這真的必要嗎？」**

為什麼要將花剩的錢放回透明夾？

在透明夾理財法的作法當中，每天晚上必須將錢包裡剩下的錢，連同收據一起放回透明夾，這時候也可以順便將隔天的兩千圓先放進錢包中。

以這種方式進行下來，有時候會當天剛好花完兩千圓，但有時應該也會還剩幾百圓。

光看著這些小錢不斷累積，就能感受到平時節約的成果。**這些多餘的錢可以自由使用**，不過要注意的是，千萬不能直接留在錢包裡，一定要先拿出來放回透明夾中。等過了一、兩個星期或一個月等一段時間之後，再來決定這筆錢的用途。

這是因為如果將剩餘的錢留在錢包中，將使得隔天的可用預算金額變得不清不楚，影響到花錢的方式，以結果來說，反而更難存到錢。

舉例來說，假設一天剩下一百圓，一星期就有七百圓，一個月就有三千圓可以自由花用。這筆錢可以用來吃頓大餐，犒賞平時努力節約的自己；或是**拿來買想買的東西也行**，當然也可以選擇累積好幾個

月之後，用來買衣服或出國旅行。

還有一點是，資料簿裡剩餘的錢必須在當月結束時全部拿出來。換言之就是在每個月新的開始時，將資料簿恢復成裡頭完全沒有放錢的全新狀態。

同樣地，資料簿裡的收據也要在每個月結束時全部拿出來。報稅時可能會用到的醫療收據或發票、汽車稅繳納證明書及其他可能必要的收據、發票等，可以統一放在資料簿其他沒有用到的頁面中保存。至於其他的收據直接丟棄也沒關係，但如果是買完感到後悔的東西，留著收據當作警惕還滿有用的。

在「現金開銷」透明夾中放入新鈔

有別於一天兩千圓預算的部分，置裝費、醫療費、交際費、娛樂費、交通費和其他雜費等「現金開銷」就統一放在其他透明夾中。這時候的祕訣是，所**放入的現金盡可能是「一萬圓新鈔」**。

以十萬三千圓的預算為例，就放入十張一萬圓和三張一千圓紙鈔。這是因為一般人對於「新的大鈔」都會捨不得花用或找開，因此會盡可能不去動一萬圓紙鈔，但如果是一千圓紙鈔，就會覺得無所謂而容易在不知不覺中花掉。

換句話說，準備一萬圓新鈔可以幫助自己避免做出不經思考、草率的購物行為。（編註：台灣讀者可置換成一千元和一百元的鈔票來執行。）

透明夾理財法的最佳開始時機

透明夾理財法任何時候開始都可以，但如果是一般上班族，從「發薪日」開始到「下一個發薪日的前一天」為止，以此為一個月來進行，在管理上會比較方便。

有些人是雙薪家庭，先生和太太的發薪日並不同。舉例來說，如果先生是家裡收入的主要來源，透明資料簿裡的錢來自於他的薪水，這時候就以先生的發薪日為基準來進行會比較容易。相反地，假使家裡家計分配的規則是「伙食費和日用品開銷由太太的收入來支付」，配合太太的發薪日來進行會比較順利。不管怎麼做，最重要的是以雙方都方便的方法來進行。

不過，**唯獨一月一日，請千萬避免以這一天作為開始嘗試的日子**（詳細原因請見173頁）。

EASY

別將集點卡隨時帶在身上

透明夾理財法的重點是每天整理錢包，一天只帶兩千圓出門，除了不能帶多餘的錢之外，就連集點卡也只有在必要時才帶出門。

這是因為**如果隨身帶著集點卡，就會不禁想順便繞去買東西**。

舉例來說，剛好經過藥妝店附近，發現店裡正在舉辦「點數十倍大贈送」。雖然原本沒有打算要買東西，但還是順道繞過去看看，最後因為「都來了，不買可惜」而花了錢。這種幾百、幾千圓累積下來的結果，就是造成「我並不想亂花錢，可是卻存不了錢」的主因。

就算可以換得再多點數，買不必要的東西只會讓自己存不到錢。**這種會造成衝動購物的集點卡使用方法，可以說只有百害而無一利。**

集點卡只有計畫性地使用，才能發揮它的功效。

例如**某家店每個月的二十日是點數十倍送的日子，這時候就可以將集點卡連同預算一起放進這一天的透明夾裡**。只有到了這一天，才能將集點卡放進錢包一起帶出門。

同樣是買東西，比起一般時候，選在可以換取更多點數的日子消費肯定更划算，折價券的用法也是一樣，只要事先放入「使用日期」的那一頁就行了。這種作法不僅可以避免衝動購物，也不會錯失任何優惠機會，可說是一舉兩得。

EASY

儲值卡和信用卡的使用時機

以透明夾理財法來說，原則上建議買東西最好都以「現金」支付。因為使用儲值卡和信用卡沒有付錢的實際感受，會讓人在不知不覺中花更多錢。

而且，信用卡通常在消費後一、兩個月才會繳款，如此一來也會不清楚自己每個月花了多少錢。如果還同時擁有好幾張信用卡，更是難以掌握金錢的流向。

如果各位平時也是個以信用卡或儲值卡消費的人，不妨暫時先改變習慣，改以現金消費。

結果或許會讓你嚇一跳，原來自己比想像中更會花錢。

身上如果帶著信用卡或儲值卡，即使錢包裡只有現金兩千圓也不會擔心，因此容易疏於判斷。因為就算東西價格超出預算，也不會擔心付不出錢而感到丟臉。

不過，如果錢包裡真的「只有現金兩千圓」，買東西時便會審慎思考。不僅第一眼只看標價，甚至連消費稅都會算得很仔細，這種謹慎的態度會改變花錢的方式。

假如非得使用信用卡不可，請先減少身上信用卡的張數。最好的方式是只帶一張，如果一張真的不夠，最多控制在兩張就好，其餘的

謝謝惠顧！
刷卡
有信用卡不用擔心帶不夠錢。
本日甜點
今天預算只剩三百圓…

全部解約。

此外，以信用卡消費後必須馬上將所花的金額存入扣款帳戶中，這是為了避免這些錢如果留在手邊，最後會連原本不該花的錢都花掉了。

如果想累積信用卡點數，不一定要購物消費，也能以信用卡刷卡繳納水電瓦斯費來達到目的。

面對突發性支出的應對方法

透明夾理財法的基本方式是，伙食費和日用品開銷的預算每天為兩千圓，除此以外的現金開銷全部統一歸納為另一個部分，房租等帳戶扣款的部分則以銀行帳戶來做管理。

面對這種作法，我經常會被問到：「這樣的話，如果突然急需用錢該怎麼辦？」然而實際上，**一般生活中其實並不太會發生什麼「突發狀況」**。

舉例來說，以前的同學突然打電話相約要一起聚餐喝酒，這時候不妨先婉拒對方，等下回有機會再約。

話說回來，如果知道自己錢包裡只有兩千圓，一定會盡量避免錢不夠花的情況發生，因此不太可能會遇到什麼「突發狀況」。因為這本來就是為了避免亂花錢才設下的「一天兩千圓的限制」。

再者，萬一真的遭遇事故，身上帶再多錢可能都不夠。既然如此，每天為此擔心實在毫無意義，不如等事情發生了再來面對就好。

順帶一提，到目前為止，我從來沒有聽過以透明夾理財法實踐兩千圓生活的人，在遭遇事故或事件等意外時「因為錢完全不夠花而感到困擾」。

由於每個月可以任意花用的金額有限，因此當下就不會只想著「一定要去」或「非買不可」，而是會先冷靜**判斷優先順序後再做決定。以結果來說，這才是不會後悔的花錢方式。**

透明夾理財法Q&A

Q **大概可以有多少零用錢？**

A 一般來說，零用錢的額度最好控制在實際收入的一成以內，但以透明夾理財法而言，只要不超過「現金開銷」的範圍都可以。不妨夫妻雙方好好討論，決定出一個最恰當的數字。

Q **儲蓄金額大約要多少才行？**

A 如果過去完全沒有儲蓄的習慣，可以將實踐透明夾理財法後剩餘的錢作為每個月的儲蓄金。例如過去伙食費和日用品開銷大約花十萬圓的人，現在每個月就能存上約四萬圓，至於已經有零存整付儲蓄的人，建議不妨可以考慮增加儲蓄的額度。

Q **每個月可運用的置裝費、交際費、娛樂費等費用大概可以有多少？**

A 只要在74頁算式所計算出來的「現金開銷」預算範圍內，想花多少錢做什麼都無所謂。例如假使喜歡買衣服，可以減少娛樂費，把錢用來當置裝費，只要分配得宜就沒問題。不過要注意，花費總額不得超過「現金開銷」的預算，優先考慮想做的事或想買的東西，就是邁向儲蓄生活的第一步。

Q **透明夾理財法要進行多久才行？**

A 只要習慣控制每天花用不超過一天的預算，就可以停止進行也沒關係。不過，當面臨結婚、換工作、退休等生活型態改變時，建議可以再重新開始嘗試。只要在家計可能面臨赤字危機時謹慎花錢，就不必擔心會在無意間動用到存款。

Q **如果每天忙到幾乎無法自己下廚，「外食費」也包括在「伙食費」當中嗎？**

A 如同32頁所言，一天的預算為兩千圓的「伙食費和日用品開銷」（＝在超市和藥妝店購買的東西）。不過，如果是因為生活作息方式不同而外食機會比較多的人，單純「吃飯」性質的外食仍然可以算在伙食費當中。但如果包含了「交際」或「娛樂」性質，就必須歸類在「交際費」或「娛樂費」中，由「現金開銷」預算來支出。假使外食費也包括在伙食費當中，包含外食費在內，一天的預算同樣是兩千圓。

Q 「伙食費和日用品開銷」預算，與「伙食費和日用品開銷以外的現金開銷」預算，可以分別使用兩個錢包嗎？

A 一旦分開錢包使用，勢必會增加管理上的麻煩，因此最好還是共用一個錢包就好。大部分的錢包都有「夾層」，空間較小的就用來放每天的兩千圓預算，空間較大的夾層則用來放「現金開銷」的預算。但現金開銷的錢並不是隨時放在錢包中，請在打算花用的日子再將預定使用的金額放入錢包中。

Q 我很擔心如果身邊一天只有兩千圓，萬一遇到事情時會不夠用。

A 如果真的非常擔心，可以將一萬圓放入信封中，藏在錢包裡。這時候的小祕訣是，先將一萬圓放入較小的信封中，再放進另一個信封裡，以膠水封好，只要像這樣讓花錢變得很麻煩，就不用擔心會因為一點小誘惑而把錢花掉了。

Column

透明夾理財法經驗分享②

鎗田知奈小姐（化名。粉領族）

我嘗試透明夾理財法已經三個月了，最大的改變就是會開始注意到五百圓以下的花費。以前我只要稍微覺得口渴，就會毫不考慮地走進星巴克或羅多倫喝咖啡。不過現在我會先思考，「真的有必要到咖啡店喝咖啡嗎？」「如果只是口渴，到自動販賣機買罐茶來喝就行了吧？」

在嘗試透明夾理財法之前，對我來說，「五百圓以下都不是錢」。但如今一天的可用預算只有兩千圓，頓時間五百圓就變得非常真實，我很慶幸自己可以像這樣變得開始重視金錢。

過去只要加班，下班後就會毫不考慮選擇外食。不過現在我在家開伙的機會明顯變多了，因為我改變了想法，如果沒有特別想吃的東西，自己在家吃也無妨。

諸如此類的改變讓我覺得比起以前，現在一天大約可以省下一千圓，一個月下來就有三萬圓，是一筆不小的錢。只要想到以前每個月花了三萬多圓在非必要的咖啡和因為懶惰的外食上，就覺得不寒而慄。

事實上，剛開始嘗試透明夾理財法的那段期間，我在現金管理上做得還不是很徹底，有時候身上的錢不只有兩千圓。不可思議的是，比起錢包裡只有兩千圓，帶愈多錢出門，買東西也會明顯變得更浪費。這讓我深深覺得，還是貫徹身上只帶兩千圓的作法，省錢的效果才會更好。

PART 3

透明爽理財法的存錢妙招

一天只花兩千圓又不會影響生活品質的方法

在這一章當中，我將詳細為各位介紹利用透明夾理財法存錢的技巧，所以覺得「一天兩千圓」的預算「根本無法生活」的人，大可放心繼續看下去。

只要掌握買東西的技巧，不用錙銖必較也能存到錢，完全不需要拚命節約省錢。透明夾理財法是讓你減少過去無意識間的浪費，將這部分的錢轉為必要用品的預算，因此花錢反而可以帶來比以前更大的滿足，因為可以明確感受到「買了想要的東西！」或「完成期望已久的旅行！」的喜悅。

比起過去，現在每個月所花的錢明明比較少，最後獲得的滿足卻比以前多，所以在不知不覺中就能存到錢，這不是很棒嗎？

EASY

控制購物的頻率

透明夾理財法的基本作法是「以一天兩千圓來生活」，習慣這個方式之後，不妨可以進一步試著控制購物的次數。

愈是存不到錢的人愈常買東西。這類型的人就算沒有特別要買的東西，也會去逛超市、超商或藥妝店，最後買了不必要的東西。對於自己的行為，他們總是可以說出各種看似合理的藉口，例如「因為只有半價」，或是「剛好家裡好像快用完了」等。一旦買東西本身成了目的，即使再怎麼下定決心「要節約省錢！」最後都無法持之以恆。

事實上，只要減少購物次數，錢自然就花得少，同時還能省下購物時間，可說是一舉兩得。

不僅如此，減少次數、改為集中採買，還能增加每次購物的可用預算。以兩天集中採買一次為例，每次能花的錢就有四千圓，以此類推。

不過，如果集中採買太多東西，則又會衍生出保存期限的問題。一次大量採買縱使方便，但如果最後東西用不完，放到過期壞掉，這麼一來也沒有任何意義。

除此之外，一次買太多而使得連續好幾天都得吃一樣的東西，同樣也非常無趣。因此，採買最大的前提是只買必要的東西和份量，不管廉價超市的章魚燒再怎麼大打優惠價，如果一連好幾天都只能吃章魚燒，無論是家人或自己，一定都會感到膩的。

而且東西一多，相對地也會吃得更多，即使原本只要吃一個就能滿足，但因為還有很多，於是又吃了兩個、三個，最後對體重也會造成負擔。這麼說來，還是只買必要的份量就好。

最理想的方式是一次集中採買三天份

針對剛開始嘗試透明夾理財法的人，建議可以一次集中採買三天份的食材。

三天集中採買一次，每次的預算就是六千圓。就算除了食材以外，連同日用品也一起採買，這個金額都綽綽有餘，如果是每天採買、只有一天份的預算可以使用，食材的變化性會相對減少，但如果是集中採買，食材就能做更多元的運用。

以三天份來看，要把食材用完不需要太費盡心思，大致都可以在食材還沒壞掉前吃完，如果吃不完還有最後一個方法，就是在第三天將所有剩餘的蔬菜煮成咖哩。如果是一次採買五天份的食材，一旦沒有事先完整規劃好每天的菜單，到最後蔬菜可能會爛掉，或者只要稍微沒有按照計畫進行，食材也可能用不完而放到壞掉。如果不是經驗豐富的家庭主婦，實在很難辦到。因此，**一開始還是別給自己設下太大的難關，這一點也很重要。**

以一次採買三天份為例，採買前就將三天份的預算共六千圓放入錢包中，買完回到家也要立刻將剩下的錢和收據放回當天的透明夾裡。

採買時一定要帶計算機

透明夾理財法是一種防止「無意識的浪費」的工具。改掉漫無目的亂花錢的習慣，隨時提醒自己只在應該花的時候做必要金額的花用，藉此養成存錢的習慣。

有一項工具和透明夾理財法一起使用可以更容易存到錢，那就是「計算機」。例如到超市買晚餐食材時，不要看到什麼就放進購物籃裡，而是先用計算機算過之後再拿。

如果覺得每次出門都要帶著計算機很麻煩，手機裡也有計算機功能，非常方便。只要在採買時隨時留意將總金額控制在兩千圓以內，自然就能避免做出衝動購物的行為。

買飲料時也是一樣，有了計算機之後，就不會一眼覺得「啊，看起來好好喝！」就買，而是會思考「這真的有買的必要嗎？」很多時候再仔細想想，可能會發現：「家裡冰箱還有三瓶沒喝完的飲料呢！」換句話說，計算機可以有效幫助自己找回冷靜的判斷力。

不僅如此，使用計算機也可以讓購物變成一種樂趣。**並不是「不花錢才是正確作法」**，而是剛好控制在預算範圍內才算勝利！大家不妨可以用這種心情去試試看，一邊按著計算機，一邊朝完美的採買一步步邁進，就像遊戲一樣享受購物的樂趣。

詳閱廣告傳單，善用各店家的特性

採買時還有一點很重要的是活用「廣告傳單」。我每回上電視節目擔任家計諮詢顧問時都會發現，**存不了錢的人買東西從來不會帶著廣告傳單**。

雖然很多人會說「我家沒有訂報紙，根本就沒有廣告傳單可以拿」，但近來超市的網站都能下載傳單，甚至可以用手機瀏覽。超市裡也都會擺放，因此最好養成習慣，進到超市買東西前先大略翻閱一下傳單。

根據很會省錢、經驗豐富的家庭主婦分享，她們首先會先確認傳單上的「本日特價品」，接著再整個超市繞過一圈，這個時候她們的購物籃裡還是空的，因為她們會先趁著繞過一圈時思考菜單。

甚至更精打細算的人還有區分不同超市的特性，例如「咖哩塊要在A超市買，冷凍食品要在B超市買」。因為**每一間超市擅長的領域不一樣**，有些超市蔬菜新鮮又便宜，有些超市的肉品總是有優惠價格，如果可以仔細觀察各大超市的不同特性並冷靜辨別，自然就能減少許多不必要的浪費。

EASY

買想要的東西無妨，但必須先忍耐

有些人即便想一天靠兩千圓生活，但還是控制不了衝動購物的習慣。

這類型的人當中，男性大多是迷戀最新家電，也就是每當新品上市就會想買，不買就感到渾身不對勁。這些人每到假日就會流連在Yodobashi Camera或BIC CAMERA等家電量販店中。

至於女性，買的應該就是每一季的最新流行服飾和化妝品了吧。

對物欲沒有抵抗力也是原因之一，但恐怕還有很大一部分因素是因為愛慕虛榮，因為想讓別人覺得自己「真不愧是時尚達人」！愛追求流行的人，都免不了會做出許多不必要的浪費。

相反地，同樣是熱愛名牌，有人卻是一樣東西用了好幾年，壞掉就修，例如父親送的勞力士錶用了三十幾年等，這類型的人幾乎不太會做出不必要的浪費行為。

不過，就算是追求流行的人，只要事先決定購物預算，還是有可能可以克制衝動購物的欲望。因為事實上，很多人其實只是單純想追求流行，並不是真正那麼想擁有；還有另一種推測是，之所以不斷想買東西，其實是因為一直找不到自己真正喜歡的東西。

防止衝動購物的「三的原則」

想預防衝動購物，我建議可以使用以下方法。

如果想買三千圓的東西，就先考慮三天後再做決定，以此類推，三萬圓就是三個星期，三十萬圓就是三個月，我稱這個方法為「三的原則」。人如果在「我想要！」的當下就下手購買，通常都很容易後悔。這時候必須先暫時冷靜下來仔細思考，如果只是看到的當下很想要，經過三天後大概就不會感興趣了；相反地，如果三十天後「還是很想要」，就代表是真正的欲望，

一眼看到喜歡就買，最後卻發現「明明花了三萬圓買的，結果還是不喜歡」，因此後悔不已，這個情況在嘗試過「三的原則」之後，肯定不會再發生。

「三的原則」也能用來培養孩子的金錢觀。

舉例來說，當孩子吵著「想買電玩遊戲」時，這時候可以先跟孩子約定好「我知道了，我會買給你，不過是一個月後才會買喔」。

當一個月後再問孩子：「怎麼樣？還是想要嗎？」幾乎所有孩子都會回答「不要了」，這時候的他們，欲望大概都已經轉移到其他東西上了。換句話說，如果在孩子一開始吵著要的時候就買給他們，經過一個月後他們早就玩膩了。東西用不久就會失去興趣，這一點無論是孩子或大人都一樣。

在欲望當下，沒有人覺得自己會改變心意。然而，只要稍微延後購買的時間點，經過一段時間的思考，大部分的人最後都會改變心意。

想要的東西要
考慮多久才行？

防止衝動購物的「三的原則」

- 3 千圓的東西→考慮 3 天
- 3 萬圓的東西→考慮 3 週
- 30 萬圓的東西→考慮 3 個月
- 300 萬圓的東西→考慮 3 年

冷靜思考！

價格愈高的東西愈需要審慎考慮

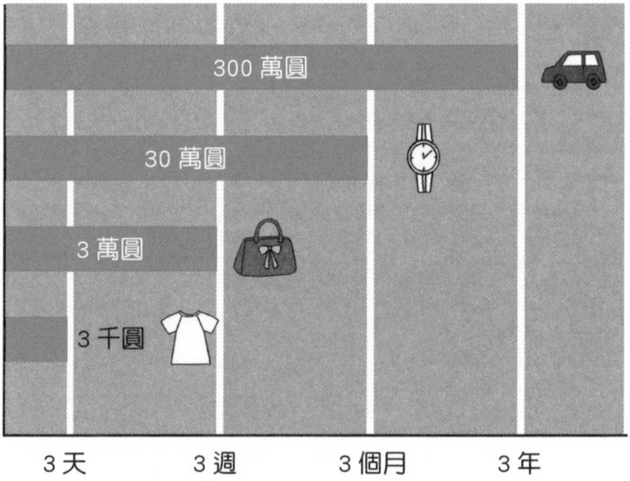

EASY

列出「已買物品清單」

存不了錢的人，很多都有「缺乏計畫性」的缺點，而且還不太會自我反省，所以同樣的錯誤會一再發生。

說到「不做事後會後悔的購物行為」，很多人都覺得自己「從來沒有後悔過」。不過事實上，這些人並不是「不曾後悔」，他們只是根本不記得自己在什麼狀況下買過哪些東西罷了。

針對這類沒有自覺的人，建議可以活用「已買物品清單」，

117頁列出了範例，請大家務必多加運用。

已買物品清單的具體作法是，列出過去一個月內所買的東西，針對「想要程度」和「滿足程度」分別做一到五分的評分。

舉例來說，如果是當初非常想要而買的東西，「想要程度＝5」；朋友推薦下勉強購買的東西，「想要程度＝1」。滿足程度也以同樣的方式來檢視。

經過檢視之後會發現，購買前後的想法可能會產生落差，有些東西「雖然當初很想要，但現在再回頭想想，如果當初沒買就好了……」，也有些東西「只是剛好買下，但非常值得」，甚至可能會驚訝地發現有些東西「自己根本不記得有買過」。

人會選擇性遺忘不適合自己的東西，所以如果沒有經常藉由「已買物品清單」來喚醒記憶、自我反省，同樣的錯誤只會一犯再犯。

如果可以瞭解自己犯錯的模式，下回再遇到同樣情況時就能特別小心。

不僅如此，定期列出清單還能幫助自己養成習慣，在買東西之前也一併評估東西所能帶來的滿足程度。

透明夾理財法可以說是「已買物品清單」的簡易版。

不用一一計算每天花了多少錢，只要看透明夾裡所剩的錢就能知道狀況。如果今天比前一天剩下更多錢，就可以知道今天的預算控制做得很好，假使剩的錢比前一天少，也能反省「自己究竟把錢花到哪裡去了」。如果可以想到原因，例如「可能在超商買了不必要的東西」，要進一步改正也會比較容易。

不過這裡要注意的是，並不是「剩下愈多錢愈好」，**因為過於節儉反而會影響到生活品質。**

只要可以在一天兩千圓的範圍內、做能為自己帶來高度滿足的消費，把錢全部花完也無所謂。就算偶爾花一千五百圓買高級和牛來吃也沒關係，如果光靠美味的牛肉和白飯就能換來高度滿足，也算是一種正確的消費行為。但如果覺得「買了昂貴的牛肉就無法再買配菜了，感覺好空虛」，下回就只要稍微降低牛肉的預算、多買一點配菜，做適當分配就行了。

列出一個月內所買的東西，針對「想要程度」和「滿足程度」做評估。藉由像這樣回頭檢視，可以發現自己成功和失敗的花錢模式。

※不需要全部列出所有東西，選擇價格較高的來做檢視即可。

已買物品清單

	已買物品、服務	金額	想要程度	滿足程度
1			1 2 3 4 5	1 2 3 4 5
2			1 2 3 4 5	1 2 3 4 5
3			1 2 3 4 5	1 2 3 4 5
4			1 2 3 4 5	1 2 3 4 5
5			1 2 3 4 5	1 2 3 4 5

範例

	已買物品、服務	金額	想要程度	滿足程度
1	戒指	2萬圓	1 2 3 4 (5)	1 (2) 3 4 5
2	淨水器	3萬圓	(1) 2 3 4 5	(1) 2 3 4 5
3	毛衣	5000圓	1 2 (3) 4 5	1 2 3 4 (5)

列出一個月內所買的東西，針對「想要程度」和「滿足程度」做評估。藉由像這樣回頭檢視，可以發現自己成功和失敗的花錢模式。

＊不需要全部列出所有東西，選擇價格較高的來做檢視即可。

EASY

人會將衝動購物的行為正當化

錯誤容易變成一種習慣，這一點在工作上也是如此，愈是自己都沒有發現的粗心過錯，更要小心留意。

不僅如此，**人通常會替自己的衝動購物找合理的藉口**，即便是相當明顯的衝動購物行為，對買的人而言，當下絕對不覺得是如此。

例如看到一只很可愛的戒指。

這時腦中便會開始編造各種「計畫」，像是「剛好可以戴著出席最近親戚的婚禮」、「到了一定的年齡，這一點東西至少也應該要有才行」等，簡直就像是「一開始就打算要買」，所以找藉口自我欺騙。

衝動購物
SHOPPING!
對！
老婆，我們要忍耐！
為了出國玩！

這時候如果稍微停下來考慮一下，會發現自己的想法其實有很多盲點。

例如「話是這麼說，不過婚禮一年也不過參加個一次而已」、「比起戒指，應該還有更想要的東西吧？」、「對了，我的鞋子都穿到破了」等。

但因為當下只想著：「我想要！」因此什麼都無法思考。

如果是經過考慮才買也就算了，不經思考就亂花錢簡直就是浪費的行為。例如**可以花三萬圓買不太有機會戴的戒指，卻不想花錢買每天都會穿到的鞋子**，這種例子十分常見。

我希望大家都可以學會聰明花錢的方法，因此才需要透明夾理財法來達到這個目標。

透明夾理財法花剩的錢就是給自己的「犒賞」

持續進行透明夾理財法之後，每天都可以存到少量「花剩的錢」，一天如果有兩百圓，一個月下來就有六千圓，若是再加上現金開銷剩餘的錢，將是一筆不小的金額。這些剩餘的錢象徵著節約開銷的成果，**不妨當成給自己的「犒賞」，藉此提升下個月繼續努力的鬥志。**

舉例來說，如果是平時沒有零用錢的全職主婦，可以將透明夾理財法花剩的錢全當成自己的零用錢。這麼一來只要想到「努力節約開銷就能有更多零用錢」，不僅會變得更努力，最重要的是可以樂在其中。

這筆錢也可以用來買一直很想要的東西，或是拿去盡興地吃一頓甜點百匯。因為既然是「犒賞」，大可用來做自己想做的事也無所謂。

全家一起到餐廳吃一頓飯也不錯。如果是有小孩的家庭，可以跟孩子說：「因為爸爸和媽媽平時很努力省錢，所以今天我們才能好好大吃一頓，作為犒賞。」像這樣找機會全家一起上餐廳用餐，犒賞大家平時的努力，**對孩子的金錢觀養成也有正面的幫助**。

很多人都說現在的小孩金錢觀有偏差，因為比起過去，現在的生活不僅相對便利，而且變得富裕許多。除此之外，我認為發薪方式不同也是原因之一。

以前每到發薪日，父親就會從公司拿回薪水袋、交給母親。薪水袋裡裝的是現金，薪水較多時，信封就是厚厚一疊；薪水較少信封就顯得單薄。母親接過薪水袋時也會對父親一個月的工作辛勞表示感謝，從小為孩子建立「爸爸好厲害」的印象。

然而到了現今，薪水通常是直接撥入銀行帳戶，對發薪日的感覺已經不如過去了，這一天反而成了「爸爸領零用錢的日子」。而且母親給錢時還會抱怨「不要再亂花錢了」、「你上個月花太多了」等，聽在孩子耳裡，只會覺得「爸爸每天不曉得都去哪裡亂花錢」。

為了讓孩子實際感受到工作的意義，以及節約的重要性，我認為每個月找一次機會，利用平時省下來的錢，**全家人一起到餐廳用餐**，**這種作法十分有意義**，吃燒烤或什麼都可以。按道理說，與其上燒烤店，自己買肉回家烤比較划算，但如果可以每個月上燒烤店吃一次烤肉，作為「這個月大家都很努力沒有亂花錢」的犒賞，肯定連孩子也會改掉不關燈的浪費習慣。

嚴禁預支「犒賞」

聽到可以將省下來的錢當成「犒賞」，有些個性隨便、不謹慎的人會問：「既然這樣，我可以先把錢花掉，最後再扣回去就好嗎？」

一旦先將錢花掉，之後一定會很辛苦並衍生出許多後果，例如動用到存款，或是為了達到收支平衡而痛不欲生，最後放棄繼續實踐透明夾理財法等。因此，如果想存到錢，**請徹底做到「先扣掉存款，最後用剩的錢再作為犒賞」**。

相反地，有時候即使想「犒賞」自己，卻不知道可以用這筆錢來做什麼。因為雖然一般人對於「不能花」的錢會更想花掉，但一旦聽到「這筆錢隨便你花」，意外地很多人反而會不知所措。遇到這種時候還有一個方法是，將作為「犒賞」的錢存在另外一個帳戶中。

「儲蓄以外的用途都是不對的花用」，這種想法雖然會為自己帶來壓力，但假使真的想不到用途，不妨就不要勉強一定要花掉。可以先存起來，等到有需要的時候再用，視情況隨機應變。

透明夾理財法Q&A

Q 我先生是個浪費的人，我該怎麼改變他亂花錢的習慣？

A 面對這種有浪費習慣的先生，建議不妨多給他一萬圓的零用錢，但相對地也要明確告訴他，之後不能再因為「不夠花」而要求從家用預算中拿錢給他。舉例來說，如果之前先生的零用錢是三萬圓，現在就改給四萬圓，請他在這個範圍內自己省著用。對於掌控家計的太太來說，先生都只會亂花錢了，如果還要拿錢給他，想必心裡一定會感到怒火中燒。

但是，不斷對先生囉嗦「別亂花錢」，也無法改變他的浪費習慣，以現階段來說，最要緊的是預防先生亂花錢的習慣對家計造成嚴重影響。這時候應該做的是不過問先生零用錢的用途，總之就是請他在「多一萬圓的範圍內」，自己想辦法省著花。比起過去五萬、六萬地不斷從家用預算中拿錢給先生當零用錢，這一萬圓可以算是相當便宜的支出。

對於找盡各種藉口想要到更多錢的先生，還有一個方法是，將一萬圓放進寫著「謝謝您」的信封中交給他，並告訴他「急用的時候再打開來用喔」。從平時總是煩惱家裡錢不夠用的太太手中接過裝有一萬圓的信封，肯定會讓先生備感壓力，覺得太太肯定是很辛苦才擠出這點錢。如果覺得自己的先生是個遲鈍的人，可能不知道這一萬圓信封的意思，這時不妨可以多叮嚀一句「我也很努力在省錢了，請你也要加油」。太太都這麼說了，這筆錢當然不能隨意浪費，就算把錢花掉了，肯定也不好意思再開口要更多錢。

Q **有什麼方法可以讓全家人一起為家計做努力？**

A 我經常聽到的一種煩惱是：「我想改善家計，可是先生和小孩一點都不想幫忙。」一個人孤軍奮戰難免有極限，也會感到身心俱疲。這種時候獲得家人協助的最快方法是：「只要順利省下錢，就增加全家人的零用錢。」

家人之所以不願意幫忙，是因為覺得事不關己，不管能不能節約開銷，都和自己沒有關係。但如果省錢的結果會直接影響到自己的零用錢多寡，無論是先生或小孩，肯定都會變得非常投入。

因此，想讓全家人一起為家計努力，重點就是向大家宣布「如果可以順利省下錢，全家人的零用錢都可以增加」。但如果說法是「假使沒辦法順利省下錢，就要減少大家的零用錢」，反而會引發家人的反彈而無法獲得協助，這一點請留意。不管先生的脾氣再怎麼不好商量，聽到太太說「我很想幫你多增加一點零用錢，所以我想嘗試透明夾理財法」，絕對不會感到生氣。只要到了月底時，從省下來的錢當中撥個一、兩千圓也好，給先生作為獎勵金，肯定會讓他很開心，決定也試著一起努力。

就算老實說真正的目的是要增加自己的零用錢，表面上也要如同上述這麼說，這才是聰明主婦的智慧。

Column

向大阪的婆婆媽媽
學習花錢的哲學

對於使用頻率高的東西，我通常會選擇品質好一點的商品，因為可以用得比較久，以長遠來看較划算。

以枕頭為例，我會選擇可以讓自己每天舒適安眠的高價位商品。

另外像是行李箱，我選擇的是 RIMOWA 的商品，已經用了好幾年了。當初價格雖然高達十萬圓以上，但我每年會出差上百回，算起來早就回本了，而且很多國際機場對待行李箱的方式十分粗暴，即便因此行李箱壞了，RIMOWA 也提供免費維修的服務。所以我認為選擇高價位的 RIMOWA，等於不斷重新再買一個中等價位的行李箱，而且還能省下出門購買的時間。

每當聽到我這麼說，大阪的婆婆媽媽們總會反駁我。

「沒這回事！買便宜的東西，用久一點，直到完全壞掉、無法再用為止，那才叫划算！」

這句話讓我恍然大悟。能夠想通這一點，可以說是非常厲害的花錢哲學，以存錢來說，或許這種作法才是最厲害的。

這句話讓我深刻體認到，對金錢和東西的價值觀，果真是因人而異。

PART 4

存錢的習慣與存不了錢的習慣

養成「存錢的生活習慣」

在實踐透明夾理財法時，請各位務必要養成「存錢的生活習慣」。過去我曾透過電視、雜誌的到府採訪和家計診斷企劃，接觸過數不清的家庭。從這些經驗當中我發現，**會存錢的人和存不了錢的人之間最大的差別，就在於每天的生活模式，也就是生活習慣**，這兩大類型的人在生活模式上，其實有相當明顯的差異。

本章將針對「會存錢的人」和「存不了錢的人」兩者之間的生活習慣差異做介紹。只要改變存不了錢的習慣，養成存錢的習慣，就能輕輕鬆鬆以一天兩千圓的預算來生活，自然也能存到錢。請各位務必參考、嘗試。

存錢的習慣

- [ ] 家裡採光良好
- [ ] 房間整齊有致
- [ ] 生活簡約，東西不多
- [ ] 食材會在有效期限內吃完
- [ ] 使用長皮夾
- [ ] 年終送禮不會與他人重複
- [ ] 聚餐完立刻回家，不會再繼續去喝酒
- [ ] 拿到收據一定會仔細檢視
- [ ] 把喝酒當成嗜好，不過度沉迷
- [ ] 會針對金錢問題和家人一起討論

存不了錢的習慣

- [ ] 家裡光線昏暗
- [ ] 房間髒亂不堪
- [ ] 愛囤積東西
- [ ] 冰箱裡亂七八糟
- [ ] 錢包裡裝滿收據和集點卡
- [ ] 熱愛品牌皮夾
- [ ] 年終送禮都是常見的禮盒
- [ ] 沉迷電視、電玩
- [ ] 有晚上喝酒的習慣
- [ ] 喜歡累積信用卡點數

各位哪一個勾選的項目較多呢？

會存錢的人家裡採光良好

有家計問題的人，家裡即使白天也顯得昏暗不明，**屋子裡東西滿得堆到窗邊，使得光線完全照不進來。**這意味著買東西毫無計畫，以至於東西多到連收納空間都塞不下，換言之就是東西買太多了，所以才會沒錢，到最後陷入冬天又多增加了暖氣空調支出的「存不了錢的惡性循環」中。

另一方面，會存錢的人家裡通常沒有太多東西，當然窗邊也沒有雜物堆放，因此光線明亮。夏天陽台上還會種苦瓜、小黃瓜等，打造出「可食用的陽台造景」。

不過，站在客人的立場來看，老實說盡可能還是不會想去利用夏天存錢的人家裡。這類型的人通常不會開空調，端出來的飲料也是幾近透明、十分清淡的麥茶。相反地，存不了錢的人不僅客廳，整間房子都會開好冷氣歡迎客人到來，一進到屋內，咖啡立刻端上來，甚至還有蛋糕，即便我造訪的目的是幫對方解決「生活艱苦」的問題。這樣的款待固然讓人感激，但如果想存到錢，最好還是要適度減少這些浪費的生活習慣才行。

這些所謂的「理所當然」，事實上因人而異。**就算收入一樣，生活習慣不同，存錢的方式也會不同。**不是有句諺語說「前車之覆，後車之鑑」嗎？各位不妨將存不了錢的人的生活習慣當成負面教材，並同時參考會存錢的人有哪些生活習慣，回過頭來重新檢視自己的生活。

儲蓄生活小祕訣

試著對「理所當然」提出質疑，因為自己認為正常的事，可能是他人眼中的反常。

存不了錢的人家裡髒亂不堪

我曾因為參與電視節目採訪的緣故，造訪了許多人的家裡，發現存不了錢的人最大的共同點，就是「家裡髒亂不堪」。

不擅決定事物的優先順序，東西捨不得丟，總覺得「或許以後會用到」、「留著會更方便」，這些都是囤積症的原因之一，但比起這些，**大部分的人都是對「家裡凌亂」完全沒有自覺**。即使是連攝影團隊都不禁嚇得倒抽一口氣的「垃圾房間」，當事人卻只是一句「因為我都沒整理（笑）」，一副毫不在乎的樣子，說好聽一點是不拘小節，說難聽一點，這簡直就是散漫、少根筋。

繼續過著這種散漫的生活，**家裡東西只會愈堆愈多，最後連什麼對自己才是真正重要的都不知道**，而且也無法意識到自己過的是超支的生活。不斷花錢卻得不到任何滿足，這種無法獲得滿足的感覺不斷沉澱累積，最後為了排解壓力，於是又花錢亂買東西……這種惡性循環發生的機率也會愈來愈高。

面對這類型的人，我通常會建議「一口氣將東西全部丟掉」。這種作法或許會讓人覺得很粗暴，不過事實上如果我要求對方「只保留必要的東西」，對方根本做不到。**只有採取激烈果斷的手段，讓對方體驗丟掉東西的痛楚，重新只買真正必要的東西，如此一來才有辦法知道什麼是「自己真正想要的東西」**。嘗試過這種作法的人，最後大家都猶如重生般改掉了亂花錢的習慣，各位不妨也可以嘗試看看，一口氣將所有東西全部丟掉，你會驚覺，原來值得重新再買的東西並沒有想像中那麼多。

儲蓄生活小祕訣

如果無法將家裡整理得很整齊，不妨將東西全部丟掉。

存不了錢的人冰箱裡總是塞滿「過期食材」

通常造訪客戶家裡進行「家計診斷」時，我第一個一定是先看「冰箱」。

冰箱可以如實表現出存得了錢的人和存不了錢的人之間的差異。存得了錢的人，冰箱裡其實放的東西不多，整理得很整齊。

相反地，**存不了錢的人的冰箱簡單來說，通常都處於「亂成一團」的狀態。**

之前買的東西還沒用完，馬上又買了新的食材，不停地把東西往冰箱塞，使得裡頭塞滿食材。另外也有很多沒喝完的保特瓶茶飲和果汁，以及許多過期的食材。

冷凍庫裡同樣塞滿冷凍食品。將東西冷凍保存固然很好，但很多連標籤都沒貼，根本不知道裡頭是什麼東西，另外還有已開封沒吃完的冷凍炒飯等。存不了錢的人通常都無法抗拒「優惠」，容易一不小心就買了大份量的東西，但又沒辦法一次吃完，只好冰在冰箱。到最後東西放到結霜，根本不想吃，只好丟掉，陷入浪費的惡性循環中。

想擺脫這種情況，首先**必須改掉「因為便宜」就買的習慣**。採買之前先檢查冰箱，只買必要的東西，而且只買需要的份量，此外，隨時發現過期的東西就立刻丟掉。

因為冰箱和冷凍庫並不是可以將食材永久保鮮的「魔法箱」，更不是「垃圾桶」。

儲蓄生活小祕訣

切記，看到「優惠」就買
只是一種浪費食材和金錢的行為。

水果
飲料
冷凍食品
啊！那是趁超市大特價買來囤貨的……
買太多了…
?
50% sale
老公，冰箱裡好多東西都過期了！

會存錢的人都用長皮夾

很多人都說，想存錢最好使用「長皮夾」，另外還有一個大家都知道的說法是，「紙鈔整齊擺放比較不容易花掉（換言之就是能存到錢）」。各位或許會覺得這只是迷信，但根據我過去提供家計諮詢的經驗，這些說法並不完全只是迷信而已。

存不了錢的人，錢包大多會被收據、集點卡等「錢以外」的東西塞得鼓鼓的，而且，幾乎所有人都不知道自己錢包裡究竟有多少錢。

相較於此，會存錢的人錢包通常都整理得很整齊，也很清楚自己錢包裡有多少錢，所以不太會發生買東西超乎預算、不得已只好刷卡的情況。

對金錢愈重視愈不會浪費，也不太可能會衝動購物。

舉例來說，同樣是一萬圓紙鈔，隨便摺得皺巴巴，和整張攤開、整齊收在錢包裡，哪一個比較不容易花掉？我想，**擺得整整齊齊的紙鈔在要花掉時，應該還是會讓人瞬間猶豫一下吧**。

從另一個角度來看，為了方便清楚知道錢包裡放的究竟是千圓鈔，還是五千圓或一萬圓紙鈔，使用長皮夾也有它的優點。

儲蓄生活小祕訣

將金錢視為「貴重物」

可以幫助減少衝動購物的發生。

存不了錢的人喜歡用名牌皮夾

將錢包裡的東西整理得整整齊齊，是邁向儲蓄人生的第一步。

不過，對錢包本身過於講究，並不算是一種聰明的作法。例如名牌皮夾，買一個好幾萬圓的高級名牌皮夾雖然無妨，但很多人其實皮夾裡一毛錢也沒有。

其中尤其拿著昂貴皮夾、裡頭裝滿信用卡的人，更要留意當心。**使用與自己能力不符的錢包，通常也會讓人做出與自己能力不符的消費行為**，因為很可能會因為愛慕虛榮而買了超乎能力的東西，因此陷入惡性循環中。

會存錢的人所使用的錢包，意外地其實非常簡樸。錢包並不需要任何華麗的設計或裝飾，因為**如果用想炫耀給別人看的錢包，相對地拿出錢包的頻率，也就是花錢的機會一定也會變多**，這一點請特別留意。

針對想存錢的人，我的建議是長年使用、已經顯得破舊的長皮夾，尤其以破舊到不好意思拿出來讓人看到的最佳。

至於錢包裡的錢，最好盡量放新鈔。一天兩千圓生活必備的千圓紙鈔不需要太在意一定要用新鈔，但如果要做大筆消費，建議最好還是準備新鈔，因為做上萬圓以上的大筆消費時，相對地就會覺得幾千圓的東西很便宜，所以經常會衝動下就買了。因此，準備新鈔的作法其實就是利用人「捨不得花新鈔」的心理，來克制衝動購物的欲望。

儲蓄生活小祕訣

破舊錢包與新鈔，堪稱是最強的守財組合。

會存錢的人年終送禮會特別用心

會存錢的人和存不了錢的人，從「送禮」也能看出差異。存不了錢的人通常送的都是常見的禮盒，例如「送客戶老闆的就是啤酒禮盒」等，這是因為這類型的人都習慣花錢不經思考。

另一方面，會存錢的人送禮時考量的是：「相對於花掉的這筆錢，什麼東西可以為自己帶來最大的效果？」這是因為他們隨時想到的是花費相對效益，這類型的人絕對不會送「今年年終送禮最佳選擇」之類的常見禮盒，因為和大家送一樣的東西，最後心意只會被埋沒在成堆的禮盒中。

以送禮給客戶老闆為例，會存錢的人挑選的並不是適合對方的東西，而是對方太太會喜歡的東西。他們的目的是要讓對方太太收到禮物後跟先生說：「老公，〇〇先生送來這麼貴重的東西，你記得要跟他道個謝喔！」

送什麼東西才是對方太太會喜歡的呢？

重點就是「自己不會買的東西」，例如要價三千圓的高級芒果，雖然很想吃吃看，但自己不太可能會買來吃。只要挑選這類型的東西，對方肯定會非常高興（至於對方是否喜歡芒果，這點事前當然必須先做好調查）。

相較於送啤酒，不如送「夫妻一同享用」的餐券會比較周到，這

種餐券只要到票券專賣店就能以便宜的價格購得。

儲蓄生活小祕訣

中元或年終送禮時，

以對方家人和喜好來選擇東西。

存不了錢的人包紅包慷慨大方

會存錢和存不了錢的人之間的差異，從「大方程度」也能清楚看出。

過去因為參與電視節目採訪的緣故，我造訪了許多各式各樣的家庭，包括擁有鉅額存款的人，以及完全沒有積蓄的人。其中有好幾次**採訪結束後我都收到受訪者的送禮，而這些送禮的人，全都是「存不了錢的人」**。

這些人送禮的原因包括：

「謝謝你專程遠道而來。」

「你的建議幫了我們很多忙。」

這份心意實在令人感激，而這些人也都是個性很好的人。然而，從「存錢」的觀點來看，我實在對這些人「把錢花在這種不需要花的地方……」感到憂心。

存不了錢的人包紅包同樣也是非常慷慨大方，不過請各位冷靜想一想。

以參加喜宴為例，無論是包三萬圓或五萬圓的紅包，拿到的婚禮贈品和喜宴上吃到的料理並無差別，甚至對方收到紅包的印象也不會有太大的差異。

換成是會存錢的人，與其包五萬圓的紅包，他們會選擇包三萬圓的紅包，另外再加贈一萬圓價值的結婚賀禮。**他們選擇的不是用錢打發，而是願意不嫌麻煩地多費心思準備**，這就是重視金錢的表現。

儲蓄生活小祕訣

不用錢便宜了事，
而是多用心表達祝賀或感謝的心意。

會存錢的人聚餐完就立刻回家

大家常說受人信賴、尊敬的人容易招財，但人緣太好也不是一件好事。無法婉拒公司前輩或上司的喝酒邀約的人，乍看之下深受寵愛，工作上也似乎很成功，但其實這些同時也是造成不斷浪費、亂花錢的原因之一。

會存錢的人通常聚餐結束後就會馬上回家，不會留下來繼續找地方再喝酒，因為以善盡交際義務來說，出席第一場聚餐就已經足以表達誠意了。相較於此，存不了錢的人很多時候都會繼續留下來參加第二場、第三場聚會，最後趕不上末班電車，只好搭計程車回家，當然也就存不了錢。

有些人擔心如果不常出席聚餐會被認為不好相處，人際關係會因此出現問題，不過事實上，**偶爾才出席可能反而更受歡迎**。

不擅交際或不會喝酒的人，對於喝酒聚餐通常不太會想出席。同樣繳了三千圓的會費，與其喝酒聚餐，這類型的人應該比較想去美味餐廳吃上一頓。如果是這樣，對於喝酒聚餐的邀約也不必勉強自己每次一定要參加，平均四、五次出席一次就行了。只要在大家不曉得你這回是否會出席的時候現身，肯定可以讓大家非常高興，這也意味著「正因為偶爾才出席，所以更有意義」。

如果每回都出席，之後要婉拒也很難，但如果大家都知道你「偶爾才會出席」，就算婉拒就不會有任何壓力。

儲蓄生活小祕訣

為自己設下原則：

「喝酒聚餐完馬上回家，絕不留下來繼續喝第二場。」

存不了錢的人嗜酒如命

各位也喜歡喝酒嗎？

如果只是當成嗜好淺嘗即止倒無所謂，但如果是「愛到無法自拔」的人就要注意了，說不定這就是存不了錢的原因之一。

每到資源回收的日子，有些人總會提著一大袋空啤酒瓶出來倒，這對不會喝酒的我來說十分驚人，很想問：「怎麼會喝這麼多！」但經我詢問喜歡喝酒的朋友之後，得到的答案卻是「喝這麼一點很正常啊」。

不過，如果每天晚上喝一罐啤酒（約兩百圓），一個月下來就要花上六千圓，一年就要約七萬兩千圓。更別說喜歡喝酒的人只喝一罐或許根本無法滿足，以每天喝兩罐來計算，一年就要約十四萬四千

圓；如果在外也會喝酒，肯定花得更兇。

人喝醉之後判斷力會變差，記憶也會產生落差。除了酒錢之外，肯定也經常因為想「再喝一點就好」，最後喝到趕不上末班電車才結束，只好花更多錢搭計程車回家。

再怎樣都一定要喝。這或許是愛喝酒的人的心聲，但**一旦酒錢成為一筆固定生活開銷，存錢勢必會更加辛苦**。如果「想存錢」，或許可以試著摸索出一套適度喝酒的方法。

儲蓄生活小祕訣

遠離酒精之後，
離儲蓄生活就能更近一步。

存不了錢的人喜歡看電視、玩電玩

各位是否曾不經意打開電視，看到節目正在介紹拉麵，於是變得非常想吃拉麵？**電視上時時刻刻都充斥著各種訊息，其中大多數都會引發觀眾的購買欲**，最嚴重的尤其是廣告，其他資訊節目及娛樂節目也不例外。看到電視上介紹最新熱門景點或最受歡迎的甜點店等，總是會讓人想去一探究竟。

不僅如此，深夜時段的電視購物節目更是會提高亂花錢的風險。這時候原本應該是睡覺時間，因此判斷力比較差，阻止自己衝動購物的理性也比較不容易發揮作用，在這種缺乏冷靜思考的狀態下，即便想聽明購物也很難。

喜歡玩電玩的人通常也容易熬夜，因此也面臨和喜歡看電視的人一樣的風險。而且雖然一開始只打算玩免費遊戲，但很多時候遊戲中會開始出現付費項目，到最後就會收到信用卡公司寄來的驚人帳單。電玩公司通常會先降低遊戲門檻，讓人可以輕易開始嘗試，等到玩上癮之後便不得不花錢了，這種正中對方下懷的行為，從現在開始一定要改掉。

另一個有效的方法是，「習慣『邊看電視邊做事』的人可以改收看ＮＨＫ」。ＮＨＫ屬於公共電視台，不像民營電視台會有廣告，而且對商品名稱也會避開不談，也幾乎沒有會煽動購買欲的節目，比起一般的民營電視台，收看ＮＨＫ應該就不必擔心會被勾起欲望了。只是話說回來，邊看電視邊做事不如不看，還能省下電費。

儲蓄生活小祕訣

遠離會讓人花錢的東西。

會存錢的人不在乎一定要有自己的車

關於汽車的相關支出，根據居住地不同，必要性也有所差異。有些地方一定要有自己的車作為交通工具，但有些地區大可以電車或地下鐵、公車等大眾運輸工具來代用。

有問題的是那些明明住在市中心、卻擁有自己的車的人。**一輛三百萬圓的新車如果開十年，簡單計算下來，光是車子的費用一年就要三十萬圓**，換算成一個月就是兩萬五千圓，如果再加上停車費四萬圓，一個月就要花上六萬五千圓。另外還有油錢、維修費、汽車稅、車檢費、車險費等其他費用。

主張一定要有自己的車的人，肯定都有一套說法，其中經常聽到一種說法是「雖然住在市中心，但遇到緊急狀況時，有車還是比較方便」。不過，**對於這些認為「沒有車不方便」的都市人，雖然會建議他「必要時也可以改搭計程車，即便會多花一點錢」，但事實上令人意外的是，真正需要搭計程車的機會，根本遠遠比不上車子的維修費。**一個月的計程車費要高達六、七萬圓，其實比想像要來得非常困難。

當然，有些人是因為「工作需要，一定要有自己的車」。所以這裡的意思並非指「在市區就不能開車」，而是**如果只因為覺得「有車比較方便」，實在沒有理由非得把龐大的成本投注在車子上。**

儲蓄生活小祕訣

住在交通便利的市區，
移動工具就改利用計程車或大眾運輸。

會存錢的人買東西一定會索取收據

會存錢的人和存不了錢的人，從「對待收據的態度」也能看出差異。**詢問存不了錢的人會發現，他們幾乎「從不拿收據」，否則就是「拿了收據馬上就丟掉」**。有人甚至表示自己是在「實踐透明夾理財法之後，才知道拿收據的用義是什麼」，在這之前收據對他而言，似乎只是「麻煩、沒有用的紙條」罷了。

相較於此，**會存錢的人通常會仔細檢視收據內容**，這類型的人拿到收據習慣會先看內容，大致檢查項目和金額是否正確。近來的收銀機大多採自動掃描系統，因此誤算的發生變少了，但即便如此，還是經常會發生東西貼了特賣貼紙，結帳時算的卻是打折前的價格；或者是只買一個，結帳時卻誤算成兩個；甚至還有在居酒屋結帳時連隔壁桌的帳單都一起算進來的情況。因此，沒有檢查收據習慣的人，很可能在不知不覺中多付了很多錢。

會存錢的人還會將收據當成省錢的參考。

檢視收據可以清楚知道哪些是「正確的購物行為」，哪些又是「需要加強的購物行為」。如果覺得明明同樣每天下廚，為什麼伙食費比之前增加許多？這時候只要檢視收據就能知道原因。進行透明夾理財法之後，每天的收據和零錢都會收好，只要偶爾拿出來檢視，一定能從中找到改善花錢習慣的靈感（關於活用收據的方法，詳細請見182頁）。

儲蓄生活小祕訣

買東西索取收據
是邁向儲蓄生活的第一步。

存不了錢的人老是想著要「節約」

說到存錢，很多人第一個想到的就是「節約」。

不過，節約是個狡猾的念頭，**愈是拚命想著要節約，愈可能做出不必要的浪費行為。**

以買衣服為例，如果定價三萬圓的洋裝如今只要一萬圓，一定會讓人非常想買吧？更常見的例子還有超市小菜區原本一道要四百圓，現在兩道只要六百圓……

各位或許已經看出端倪，這些東西如果對自己而言真的有必要，就屬於「聰明的購物行為」，但假使只是受「便宜」吸引，事後就很可能會後悔「早知道就不要買」。

除此之外，為了想存錢而突然減少全家人各一成的零用錢，這種行為也只會招來家人的反抗。或許你覺得「為了家裡可以存到錢，這麼做有什麼關係」，但對其他家人而言，可能會認為這只是一種強迫罷了。

與其貿然減少家人的零用錢，更重要的其實是平時學會分辨「必要的東西」和「想要的東西」，不做不必要的消費。**節省不必要的浪費，另一方面對必要的東西不吝嗇，如此一來就能毫無空虛感地達到節約的目的**，而且因為知道什麼是對自己而言「必要的東西」，購買時也比較容易知道優先順序。

人的欲望是無窮盡的，如果想要什麼就買什麼，再多錢都不夠用，就連國際知名巨星麥可・傑克森，過去也曾經有段時間因為金錢問題而苦。

我在針對小孩演講時通常會進行以下活動。

我會先拿餅乾、糖果和鉛筆給台下的孩子們看，問他們如果現在自己身上的錢只能買這三樣東西的其中一樣，「你會想買哪一樣？」這時台下的孩子們會各自選擇自己想要的東西。

當我再繼續問：「那麼這三樣東西當中，哪一個對你來說是必要的？」幾乎所有人都會回答「鉛筆」，由此可知，孩子的判斷力完全不輸給大人。

學會分辨東西的必要性，就能透過買東西換得高度滿足。

下一頁的列表可以幫助各位檢視自己的消費行為是否正確，請務必參考。

儲蓄生活小祕訣

學會分辨錢的「用途」。

「物品必要性」檢查清單

- ☐ 真的有必要嗎？
- ☐ 家裡是否已經有類似的東西？
- ☐ 是否超出預算？
- ☐ 自己是否買得起？
- ☐ 可以長久使用嗎？
- ☐ 家裡是否有收納空間？
- ☐ （特價品）如果是原來的定價也會買嗎？

考慮東西該不該買時，不妨就利用這份清單來檢視，可以幫助各位分辨東西究竟是「必要」，或者「只是當下很想要」而已。

存不了錢的人只會從一月一日開始記帳

以前的人常說，「一年之計在於春」，但以家計管理來說，完全不建議「從一月一日改頭換面，今年一定要努力記帳」的作法。甚至可以說**正因為是從一月一日開始，結果反而容易失敗**。

這是因為比起其他月份，一月是臨時支出大增的月份，紅包、香油錢等「沒有收據的支出」也非常多。再加上回家團圓、拜年、準備過年等事情勞心又勞力，回到家後早已累得精疲力盡，根本完全不會想記帳。

像這樣有一天沒一天地記帳，差不多才過了五天，很多人就覺得「今年又沒做到了，明年再加油好了……」，最後宣告放棄。

透明夾理財法任何一個月份都能開始，但唯獨一月，建議各位最好避開。

沒有必要刻意選擇在有很多該做的事要忙、心情容易感到厭煩的時候開始嘗試。而且一月的臨時支出比較多，收支也會變得比較複雜，因此記帳當然也會比較辛苦。

如果可以，盡可能在一月之前就開始進行透明夾理財法，如此一來就能更有餘裕地迎接新年。

儲蓄生活小祕訣

嘗試透明夾理財法
最好選擇一月以外的時間。

會存錢的人會事先做好年終獎金的規劃

有些人認為，還沒領到年終獎金就開始規劃如何運用，感覺就像是在「打如意算盤」，事實上，這才是會存錢的人對待獎金的習慣。

年終獎金的金額會根據公司業績和個人工作表現而定，乍看之下拿到獎金再想如何運用才是合理的作法，但其實這是極大的誤解。因為一旦拿到大筆獎金，人通常會因為太過興奮而做出不該做的浪費支出。

最好的作法是，在差不多領到獎金的一個月前，不妨可以召開家庭會議，夫妻雙方一起瞭解家裡的家計狀況，討論之後領到的獎金該如何運用。

如果孩子已經上國中，也能一起加入討論。把孩子視為一個成年人，透過討論讓他確實理解父母對金錢的態度，藉此產生責任感。

利用每年兩次領獎金之前的機會，全家一起「開會」討論，例如「如果要回老家，是不是現在就要先買車票？」、「想利用暑假來趟旅行，不曉得預算是否足夠」等。如果事先知道之後將有大筆支出，從現在就可以開始存錢，盡早開始準備，相對地對家計造成的衝擊也會比較小。

雖然這是題外話，但我認為，**愈是對財務規劃會共同仔細討論的家庭，愈能存到錢，而且家庭也比較圓滿。**相反地，夫妻雙方對錢有所隱瞞的家庭就比較危險，例如先生偷偷花錢和其他女性約會，太太若完全一無所知就糟糕了。因此，也算是為了家庭圓滿，不妨從平時就養成全家一起針對金錢問題進行討論的習慣。

儲蓄生活小祕訣

利用每年兩次的機會，全家一起坐下來好好瞭解「家計的狀況」。

存不了錢的人喜歡累積信用卡點數

前述內容中曾提到：

「透明夾理財法的基本作法是，所有開銷都以現金支付。」

「盡量不使用信用卡。」

對此有人會說：「這樣會害我無法累積信用卡點數，怎麼辦？」

事實上，信用卡點數一年能換來多少利益？舉例來說，有人因為工作的緣故，每天開車幾十公里上下班，必須經常加油，以這種情況來說，堅持以加油站聯名卡來刷卡付油錢的作法倒還能理解，可以累積點數賺回年費，也算是一種聰明的用法。

不過另一方面，一般家庭如果以信用卡支付生活開銷，雖然可以累積點數，但改以現金支付並減少不必要的浪費，反而更能快速存到錢。

信用卡公司之所以提供累積點數的服務是因為，這樣一來有些客戶就會為了想累積點數而不斷刷卡，例如一聽到「生日當月刷卡點數三倍送」，馬上就會開始想著「再買一點什麼好了」，這就是人的心理。**建議各位信用卡只用來支付每個月水電瓦斯等直接扣款的開銷，而不要用來買東西。**

無法聰明使用現金的人，絕對不能輕易使用信用卡，一定要先熟練以現金過生活，之後再朝向信用卡達人努力邁進。

儲蓄生活小祕訣

盡早擺脫受「眼前利益」誘惑的生活。

存不了錢的人對「超商的東西比較貴」有迷思

存不了錢的人還有一個特徵是「有很深的迷思」。

例如其中之一就是覺得「超商的東西比較貴，超市的比較便宜。」

但事實上真是如此嗎？

超商一包一百圓的零食，和超市一包大份量兩百九十八圓的零食，究竟哪一個比較貴？

或許有人會說：「超市的大包裝份量比較多，以每公克來計算，價格比較便宜。」但這種說法的前提是「非得買很多零食不可的時候」。

如果把重點放在從錢包裡拿出來的錢，一百圓和兩百九十八圓哪一個多，答案一目瞭然。

超商其實也有便宜的東西，例如遇到低溫冷夏、蔬菜價格居高不下時，超商由於本身有巨大的物流網，可以提供全國統一價格，因此在超商買反而比一般超市要來得划算。類似這種情況顛倒的現象，偶爾也會發生。

順帶一提，一般適合闔家用餐的餐廳，裡頭提供的沙拉吧也有同樣的現象。當「菜價太貴、買不下手」時，或許就可以多利用沙拉吧趁機吃到許多生菜，這比起成本較低的飲料區，更能快速回本。

儲蓄生活小祕訣

菜價太貴時，多利用超商或家庭餐廳（沙拉吧）！

Column

繼透明夾理財法後必學的「收據活用術」

進行透明夾理財法時，買東西拿到的收據只要和零錢一起放回資料簿中就可以了，不需要另外將收據上的金額抄寫到記帳簿上，也不必做任何計算。

雖然只要這麼做就能確實存到錢，但習慣之後，如果可以進一步針對收據做活用，更能增加存錢的速度。

拿到收據在放回資料簿之前，可以先大致檢視一下其中的內容。重新檢視後如果覺得是「正確的購物行為」，就在收據上畫「○」；如果認為是「錯誤的購物行為」，就在收據上打「×」。如果「分不清對還是不對」，就畫上「△」也無所謂。

或者，也可以依照滿意程度來評分，例如：

- 滿意……5分
- 還算滿意……3分
- 不太滿意……–3分
- 不滿意……–5分

市野瀨超市

5	洋蔥	￥98
3	牛肉絲	￥248
5	番茄	￥298
-3	大包裝零食	￥298

如果平時可以像這樣找時間回頭檢視自己的購物行為，一定能漸漸成為消費高手。一旦發覺失敗，自然會將經驗活用在下一次的購物中，到最後就能養成儲蓄的生活習慣。

Column

存不了錢的人都有共同的口頭禪

將浪費行為正當化的五種說法

「機會難得」
「回憶比較重要」
「命中註定的安排」
「趁著這個機會」
「算了，沒關係」

存不了錢的人，通常都很擅長說服自己。各位旅行前是否也都不事先設定好預算，覺得「機會難得」、「回憶比較重要」而隨便亂花錢呢？或者，不過就是看到想要的東西，卻說是「命中註定的安排」，藉此正當化自己衝動購物的行為？「趁著這個機會」則是搬家進行大筆採購時經常會聽到的說法，但這其實是一句非常危險的句子，因為很可能會因此大肆揮霍。此外，亂花錢還覺得「算了，沒關係」，不會自我反省，這也是存不了錢的人容易出現的心態。今後，當自己不小心說出這五句話時，就要特別留意自我克制，別亂花錢了。

PART 5

利用透明夾理財法
擺脫對金錢的煩惱與不安

存錢的目的是為了花用

我不建議各位因為莫名地對將來感到不安，因而貿然將透明夾理財法當成存錢的工具來進行。

除了省下不必要的浪費、確實養成儲蓄的習慣之外，**該花的時候還是要花，讓自己過著富裕滿足的人生，這才是我真切期盼各位嘗試透明夾理財法的目的。**

不過，如果我在這裡告訴大家「存錢很簡單」，各位肯定會嚇一跳。但這的確是無庸置疑的事實。

只要過著勤儉的生活，就連一塊錢也確實存下來，不用多久一定可以存到錢。

以瘦身來想像或許比較容易理解。這個社會上充斥著許多瘦身相關的產品和服務，苦惱「瘦不下來」的人也很多，不過，只要過著挨餓的生活，肯定任何人都能瘦下來，至於是否能如願「瘦得漂亮」或「瘦得健康」，就是另外一回事了。即便暫時瘦下來，但反彈復胖之下，很可能一下子就又回到原本的體重了。

存錢也是同樣道理。只是一味地存錢卻不花用，人生將會變得枯燥乏味。不僅如此，就算一時間存到錢，但在極度節省的反作用之下，最後卻亂花錢，到頭來一點意義也沒有，例如每存了五十萬圓就花掉五十萬圓，這種作法無論過多久，存款也不會有任何成長。換言之，

在沒有學會「正確用法」之前，永遠都不可能擺脫金錢的煩惱。

相反地，一旦學會金錢的正確用法，存錢就會變得非常簡單，也不必擔心會任意動用到存款或背負借貸了。

必要時可以隨時動用必要的金額，如此一來也能擺脫對金錢的不安。

至於必要時只花用必要金額的技巧，方法之一就是「找到目標」，關於這個部分，下一節將有詳細說明。

有目標的人會懂得控制欲望

EASY

大家常說「沒有目標就存不到錢」。的確，設定具體的目標，例如「想買房子」、「想送孩子上私立小學」等，可以提高儲蓄的意願，也比較不容易感到挫折。

就算不是多大的目標，只是「想帶家人每年出國旅遊一次」、「想換電腦」之類的小目標，同樣可以提高存錢的意願。**因為如果是為了真正想要或必要的東西，人通常都可以控制欲望**，減少零星不斷的不必要浪費。

嘗試透明夾理財法之後，設定目標會相對變得容易許多。

舉例來說，透明夾理財法可以輕鬆看出省錢的結果，例如「昨天只剩下二十圓，今天卻能剩下四百圓」，如果每天能剩下四百圓，三十天就有一萬兩千圓了。用這些錢來買自己喜歡的東西，選擇也會相對變得比較多。

或者如同在Part 3提過的，也可以將這筆錢當成全家人一起享樂的預算，或是用來犒賞努力節約的人也行。

如此一來，不僅平時就不會想亂花錢，**也能養成「先存到錢再買」的習慣，減少衝動購物的行為。**雖然過去一直是任由「想要」的欲望來掌控自己的消費行為，但或許其實多少也有自覺「自己並非真的那麼想要」。

一旦改掉「只是因為莫名想要」的購物行為，一定可以找到什麼才是自己真正必要的東西。

像這樣學會控制物欲之後，就不會再發生因為不正常的浪費行為，使得自己陷入借貸生活等為金錢極度煩惱的情況。

EASY

省錢概念比投資概念更重要

現在是前所未有的低利率時代，就算把錢存在銀行，也幾乎沒有任何利息，因此有人說「既然利率低，存在銀行也沒有利息，那就應該拿出來做運用」。也有不少人是因為對金錢感到莫名的不安，因此在銀行或證券公司的慫恿下開始投資。

有人則是憑著自己一知半解的知識，**將僅存的退休金特地拿去交由投資公司做管理，傻傻地不斷支付高額手續費，這種例子也經常可以聽到。**

在對本金損失風險和手續費沒有充分認知的狀態下就將資產委外管理，這種人即使被金融機構當成待宰羔羊也無力反抗。

這時候應該做的是「掌控金錢的運用」，將自己手上的錢確實做有效的活用。如果不懂得活用，以為只要做運用就能獲利，因而將僅存的錢全拿去投資，一旦遇到像雷曼事件一樣引發股價暴跌的情況，資產將在一瞬間化為烏有。

但其實也不需要感到悲觀，**即使銀行利息再低，薪水遲遲沒有成長，只要學會省錢技巧，同樣可以過幸福的生活**。減少浪費和不必要的支出，這部分的錢就可以省下來，以結果來說就能存到錢，只要養成在預算範圍內生活的習慣，就沒有必要特別對將來有任何不安的想法。

EASY

透明夾理財法有助於擺脫對退休生活的不安

在過去，只要一直工作到退休年齡，老後就能靠退休金過著怡然自在的生活。然而到了現在，「只靠退休金無法養老」的觀念已經漸漸成形，有人說現在至少必須要有三千萬到六千萬的積蓄才能安心養老，對此也有很多人對退休生活是抱持著不安的心情。不過請放心，事實上並不需要如此憂心。

我在針對即將面臨退休的人所做的講座當中，都會要求參加者

「嘗試擬定二十四小時時間表」。

也就是寫出從星期一到星期日共一週的時間，每天二十四小時的計畫，只要知道自己一天會怎麼過，就能計算出必要的生活費。

舉例來說，如果「打算每週看一次電影」或「計畫每天上健身房」，就必須做好這部分的預算。有些時候則是整天在家看電視，悠閒地度過，或者有些人也會想盡情享受家庭菜園或健走、烹飪、閱讀等其他樂趣。

計算出一週的必要花費之後，將金額乘上四倍，就能大略估算出一個月的生活費。**只要像這樣列出計畫後，幾乎所有人都會感到鬆了一口氣，「原來實際上的退休生活花費並沒有想像中那麼多」**，因為只要沒有太花錢的嗜好，大部分的情況下，退休後的生活費都會比工作時要來得少。

再加上**退休之後不必再為將來的生活做儲蓄**，所以過去存下來的錢也能用來當生活費。如果早已藉由透明夾理財法養成在預算內生活的習慣，以退休金和過去的積蓄，應該就足以安心度過老後生活了。

EASY

透過「自我投資」，確保退休後的收入

人到了快退休時，面對興趣的態度大致可分為兩大類。

首先，其中一類的人會開始尋找老後可以當成娛樂的興趣，例如「為了老了之後也能獲得樂趣」而開始學陶藝，或是參加手工藝教室的課程等。

另一類型的人則是轉為「教授者」，像是透過多年累積的經驗開設書法教室等。

在這當中，受教者和教授者的最大差異就在於，受教者是花錢的一方，而**教授者則可能為自己帶來收入**。非但如此，成了教授者之後還會受到周遭人的尊敬與信賴，找到自己的存在價值，因此心情上也會比較有餘裕。就算現在是全職主婦，一旦哪一天成了教授者，就能補貼先生退休後家裡的生活費。

如果覺得「退休後的日子離我還很遙遠，現在一點想法也沒有」，**建議各位現在一定要做的是，趁早找到將來可以讓自己成為「教授者」的興趣**。

以現在四十歲為例，距離六十歲退休還有二十年，只要一週兩次持續培養興趣，到了六十歲左右，應該就能達到一定的程度、教導他人了。

為了將來事先存好錢固然很重要，但鍛鍊自己的能力同樣也是對將來的一種投資，將節約省下來的錢用來積極投資自己，或者在不動用到存款的前提下，大可花錢做自我投資也沒關係。

不過要注意的是，「自我投資」的定義十分曖昧不清，可以隨各人喜好做不同的解釋。

如果仗著自我投資的名義，不停地將錢投注在「只因為現在可以從中獲得快樂」的興趣或休閒娛樂上，最後將很可能只是「玩一玩就無疾而終」。這一點必須當心。

自我投資的重點是「專心在單一項目上」。小孩子學才藝也是一樣，「又學珠算，又參加游泳隊，另外還補習、學鋼琴……」，雖然什麼才藝都學，卻沒有一項是精通的。

最好的作法是先專心在單一項目上做努力，試過之後如果覺得不適合自己，放棄再找別的項目重新開始也無妨，但如果是同時一心多用，結果是不會順利的。

此外，**學才藝時很重要的一點是，要隨時站在教授者的立場來思考。**漫無目標地學習，和隨時想著「如果是我會怎麼教」，兩者截然不同。偶爾什麼都不想、單純只是享樂無所謂，但如果只為享樂而耗費金錢和時間就太可惜了，因為無論是金錢或時間，都是有限的「資源」。

有了這種觀念之後，除了自己之外，看待另一半的興趣態度也會改變。舉例來說，太太一直對先生花太多錢在興趣上感到介意，如果抱怨「你也要多為家裡的開銷想一想」之後先生肯改變行為，就不需要為此煩惱了；但大部分的情況是，對方通常都是「馬耳東風」，裝作完全沒聽到一樣繼續花錢。

遇到這種時候，建議各位可以採取激勵的策略，告訴先生：「既然都特地花錢了，至少努力讓自己變得更專精吧。雖然不是要你現在就做到，但至少到了六十歲時要能成為這方面的老師吧！」聽到太太這麼說，大部分的男性都會因此奮發向上。

相反地，女性如果開始在網路上販賣自己的手工藝作品，或是打算在家裡開設料理教室等，多數的先生都會持反對意見，暴怒生氣地說：「要是賠錢了怎麼辦？」不過，假使太太這樣回答：「我知道了，我就純粹當興趣就好。但就算只是當成興趣，花的錢還是一樣，而如果當成生意來做，只要多賣出一個，就可以為家裡的收入帶來更多幫助。」這時候先生的態度通常都會改變，要太太「那就試試看吧」。

興趣對豐富人生而言也有存在的必要，既然都要花費時間和金錢在興趣上了，就要當成是對將來的自己所做的投資，而非只是一時的樂趣。這也是我希望各位可以盡早學會的「聰明花錢法」之一。

結語

存錢不能只做到「增加收入」或「減少支出」其中之一。

增加收入需要時間，就算希望「增加薪水」、「換到待遇更好的公司上班」或「從兼職轉為正職」，也不一定能馬上實現。

不過，「減少支出」可以從現在就開始，而且任何人都做得到。更重要的是，即使實現了「增加收入」的願望，一旦在「減少支出」上受挫，結果到頭來還是一樣存不到錢。

把錢花在必要的東西上，不必要的東西就不要浪費錢，養成這個說起來再理所當然不過的生活習慣，就是邁向儲蓄生活的最快捷徑。

我第一次對「家計」感到興趣是在國中三年級的時候。

我的父親是個稅務會計師，當時經營了一家小型會計事務所。或許是基於英才教育的作法吧，從小我就被要求要練習寫出端正的數字，而且還要熟練珠算技巧。當時並沒有電腦這種方便的東西，還是手寫記帳的年代。

就在我對這一切感到厭煩、覺得「比起做這些，我更想和朋友一起玩……」的時候，我的母親因為乳癌住進了醫院，雖然立即動了手術，但之後身體狀況就變得非常不好，整天臥病在床，當然也就沒辦法做家事了。

我的父親是個觀念古板的人，完全沒有代替母親煮飯洗衣的念頭，於是我接下了家計，每天下廚煮飯、記帳。

當時我只是個國中生，正好也是想要有零用錢的時期。後來上了高中之後，我向父親要求零用錢，父親告訴我：「你自己從我每個月給你的生活費中節省開銷，省下來的錢就全部給你當零用錢。」

於是，精打細算的我突然開始勤快地檢視所有東西的價格。如果買東西不經思考，當時父親給我的生活費正好一個月就會花完，但自從比較廣告傳單、選擇在便宜的店家採買之後，我每個月都能省下一筆以高中生零用錢來說十分寬裕的金額。

最後，母親在我十九歲那年離開人世，雖然她的早逝對我來說是個相當痛苦的回憶，但我認為那時候節省家計的形成時期經驗，一直到現在我已經成為財務規劃顧問，仍舊深深影響著我。

本書討論了許多關於如何利用「透明夾理財法」作為工具來防止無意識間的浪費，並將錢花在「真正必要的東西」上的方法。

只會存錢卻不花用的生活，就像沒有錢的生活一樣都很痛苦。若是為了存錢而完全放棄人生樂趣，到最後肯定連自己為什麼存錢都不曉得，以為「只要有積蓄就能安心」，事實上這不過只是幻想罷了。

金錢對享受人生而言不可或缺，但掌控金錢的畢竟是自己，要將多少錢花用在什麼地方，全憑自己的抉擇。

如果各位可以透過實踐透明夾理財法，從原本老是亂買其實並非迫切需要的零食，轉變為只買真正想要的東西，將是我至高無上的喜悅。

最後藉著這個機會，我要向在本書寫作過程中提供我協助的許多人獻上我的感謝。

期盼各位都能以笑容度過快樂、富裕的人生。

二〇一六年十月吉日

市野瀨克己

國家圖書館出版品預行編目 (CIP) 資料

有錢人都用透明夾：不用記帳，一年存款就能多出五十萬日幣的超簡單理財法 / 市野瀨克己著；賴郁婷譯. -- 初版. -- 臺北市：遠流，2017.08
面； 公分
ISBN 978-957-32-8042-2(平裝)
1. 家庭簿記 2. 個人理財

421.5 106011649

有錢人都用透明夾

不用記帳，一年存款就能多出五十萬日幣的超簡單理財法

作　　者：市野瀨克己
譯　　者：賴郁婷
總 編 輯：盧春旭
執行編輯：黃婉華
封面設計：黃鳳君
內頁排版設計：Alan Chan
內頁插畫：白佩穎

發 行 人：王榮文
出版發行：遠流出版事業股份有限公司
地　　址：臺北市南昌路 2 段 81 號 6 樓
客服電話：02-2392-6899
傳　　真：02-2392-6658
郵　　撥：0189456-1
著作權顧問：蕭雄淋律師

2017 年 7 月 31 日初版一刷
2019 年 12 月 26 日初版三刷
定　　價：新台幣 280 元（如有缺頁或破損，請寄回更換）

ISBN 978-957-32-8042-2

KAKAZUNITAMARU! KURIAFAIRU KAKEIBO

遠流博識網
http://www.ylib.com
Email: ylib@ylib.com